THRIFT

Samuel Smiles

财富人生 I

〔英〕塞缪尔·斯迈尔斯 著

马林梅 译

北京理工大学出版社

BEIJING INSTITUTE OF TECHNOLOGY PRESS

目　录

序　言　1

一则寓言　1

第一章　勤　劳　1

第二章　节俭的习惯　11

第三章　培养节俭的美德　29

第四章　节俭的榜样　49

第五章　节俭的方法　71

第六章　通过人寿保险而节约　89

第七章　储蓄银行　101

第八章　从小事做起　131

序 言

本书是《自己拯救自己》以及《品格的力量》这两本书的姊妹篇。实际上应当把这本书看成这一系列书籍的引言，因为节俭是自助的基础，是造就杰出品格的基石。

作者已经谈论过有关金钱的使用和滥用的问题，但是这个问题是值得我们不断探讨以加深人们印象的。正如作者在书中所提及的那样，人们身上所具有的一些最好的品行要依靠对金钱的正确使用才能得以体现，比如慷慨、仁慈、公正、诚实以及深谋远虑等。而人们身上所具有的一些最为恶劣的品行也源自对金钱的不正确的使用，比如贪婪、吝啬、奢侈以及缺乏远见等。

亨利·泰勒曾经说过："勤劳必须从自己的果实中获益，上帝已经指示过：人类应当为获取这些利益而劳动，并且这些利益会使人们的劳动更加甜蜜。"勤劳所获的收入以及积攒的财富不仅仅意味着收入和财富本身，它们应当得到更为明智的运用。人们努力工作不仅仅是为了自己，也是为了那些依靠自己生活的人。勤劳的人必须知道怎么样挣钱、怎么样花钱，以及怎么样攒钱。那些知道如何省钱、如何变得富有的人，如圣保罗一样，都是知识非常丰富的人。

每个人都一定要尽全力提升自己的社会地位，确保自己的独立。因此，为了保持自身独立，人们必须从自己的财富中拿出一部分留作备用。勤劳可以使人们维持生活，也可以教导人们如何生活。只有践行远见、慎重、节俭以及自制的美德，人们才能确保自己的独立。慷慨的本质实际上就是自我克制，要做到公正、慷慨，人们必须克制自己。

本书的目的在于劝导人们如何有意义地运用自己的财富，而不是把钱浪费在自我纵欲上。在实现这个目标的过程中必定会遇到许多的阻力，包括懒散、轻率、虚荣、邪恶以及放纵等。自我放纵是实现这个目标的最大阻力。本书引用了许多的例子，这些例子表明克制自我纵欲的最好方法就是劝导人们践行节俭的美德。

书中的许多内容多年前就已经写作好了，其中的一些已经发表过了。但是由于身体瘫痪，笔者一度放弃了写作，因此这本书推迟到了今天才得以出版。书中的许多资料得益于哈利法克斯市长爱德华·格罗斯利先生、哈利法克斯的爱德华·阿克罗伊德先生、邮政总局的乔治·查得韦德先生、达尔文市的S.A.尼克尔斯先生、米德尔斯堡的杰拉米尔·海德先生、胡德斯菲尔德的查尔斯·W.希克斯先生，以及许多在德哈姆、伦弗鲁郡、约克郡、兰开夏郡、斯塔福德郡和南威尔士的通讯员。作者在此向他们表示感谢。

作者相信这本书会有助于人们实现书中所提及的目标。

1875年11月于伦敦

一则寓言

快到冬天的时候，一只蚂蚱又冷又饿，它来到了一个储备丰富的蜂房前，谦卑地向蜂房里的蜜蜂乞求给它一点蜂蜜。

一只蜜蜂问它整个夏天都干什么了，为什么没有像它们一样储存些食物。

这只蚂蚱说："确实，我将我的时间全花在吃喝、跳舞以及唱歌上了，我过得很快乐，可是从来没有考虑过冬天会怎么样。"

"我们与你完全不同，"蜜蜂说，"夏天我们努力工作，储存下食物来以备在我们预见到的食物缺少的寒冷季节里食用。那些夏天只知道吃喝、跳舞、唱歌的人在冬天就只能挨饿了。"

第一章

勤劳

生产性的劳动是唯一的资本，可以丰富一个民族并传播国家的繁荣和幸福。所罗门说，所有的劳动都会创造收益。政治经济学难道是科学而非冗长的说教吗?

——塞缪尔·拉宁

上帝通过农民的劳动、技工的技巧和努力、商人的冒险和交易提供了世界上好的东西来满足自然的需求。懒惰的人就如同那些没有生命的东西一样，他们不关心世界的变化和需求，活着只不过是消磨自己的时间、消耗他人的成果而已；他们就像一只寄生虫或者一匹狼，即使在消亡的时刻到来，也不会对世界有任何的影响。

——杰洛米·泰勒

节俭是与文明相伴而生的。它产生于当人们意识到有必要既为现在也为未来作出某些准备的时候。它要比金钱产生的时间早得多。

节俭属于私人经济的范畴，它包括一个家庭的经济以及秩序与管理。

私人经济的目标在于提高个人的生活水平，而公共经济的目标在于创造和增加一个国家的财富。

私人经济与公共经济具有相同的根基。财富通过劳动获得，通过储蓄与积累得以保持，通过勤奋与坚毅而得以增加。

个人的储蓄构成一个国家的整体财富也即福利水平，而另一方面个人的浪费也会造成一个国家的贫穷。因此每一个节俭的人都应当被视为公共的施惠者，而每一个奢侈挥霍的人都应当被视为公共的敌人。

私人经济的必要性是毋庸置疑的，人们都承认这一点并且对此进行宣扬。但对于公共经济领域的诸多问题比如资本的分配、财产的积累、征税的范围、济贫法以及其他议题还存在着许多的争议。本书的主题为私人经济、节俭。

节俭并非一种自然本能，而是由经验、榜样和远见所催生出来的品行，它也是教育与智慧的结果。只有当人们变得明智与富有思想时他们的生活才会简朴。因此，使人类变得节俭的最好方法就是使他们变得明智起来。

从本性来讲，人类更倾向于浪费而非节俭。原始人是最能挥霍的，因为他们没有远见，不考虑明天会如何。史前人类没有什么可以节省的，他们住在山洞或者表面覆盖树枝的地洞中。他们以海边拾来的贝类生物以及森林中采集的野生果实为生。他们用石头捕杀动物，后来他们学会了将石头制作成工具。比如，将石头制成箭头和矛头，这样，可以更为有效地猎杀飞禽走兽。

最早的原始人类对农业一无所知。只是到了后期人们才开始从食物中采集种子并且保存一部分以备来年耕种。当矿产被发现的时候，人们用火将矿石熔化成金属，人类也由此向前迈出了巨大的一步。人类可以制造各种坚实的工具，可以打凿石头、建造房屋，通过不懈的努力推进文明的不断进步。

居住在海边的人在伐倒的树上挖个凹槽，然后把它推进水中，航行于海上捕食鱼类。逐渐地，带凹槽的树木变成了用铁钉加固的木舟。木舟又逐渐演变为单层甲板大帆船、轮船、明轮以及螺旋桨蒸汽机船，随之而来的便是为整个世界的殖民地化和文明化敞开了大门。

如果不是先辈们有益的劳动成果，人类将仍然处于蛮荒时代。土地被开垦用于种植食物，先人们发明了工具和织物，而我们享受了这些有益的成果；先人们发现了艺术与科学，而我们继承了他们劳动的有益成果。

大自然告诉我们那些曾经做过的好事是不会消失得无影无踪的。活着的人们总是会看到某些事物从而想起那些被埋葬的先人。久已消失的古城尼尼微、巴比伦以及特洛伊的建筑和雕塑所展现的手艺和技巧业已流传至今。在大自然的经济中，人类的劳动成果是不会全部消失的，一些有益的成果会惠及整个人类而并非某个人。

先辈们留给我们的纯粹的物质财富仅仅是我们从他们那里所继承的遗产中微不足道的一部分。我们与生俱来的权利包含一些更为重要的部分，它是人类技能与劳动的有益成果之和。这些成果不是通过学习传递下来的，而是通过教授与榜样传递的。一代教授给下一代，这样艺术与技艺、机械设备和材料的知识才得以流传下来。上一辈的辛劳与努力被传递给下一代，不断持续进行，从而形成了人类本能的遗传形式—— 一种最重要的文明工具。

因此，我们与生俱来的权利得益于我们的先辈有益的劳动成果，但是只有当我们自身参与劳动时我们才能享受这些有益的劳动成果。所有的人都必须参加劳动，不管是体力劳动还是脑力劳动。不参加劳动，生活将是没有价值的，那样的生活纯粹是一种精神麻木的状态。我们不仅要从事体力劳动，还要从事许多更高层次的劳动，包括行动与忍耐、磨难与坚韧、进取与慈善、传播真理与文明、救济贫民，以及帮助弱者并且使他们能够自立等。

“一个具有高尚心灵的人，”巴罗说，“会鄙视那些像寄生虫一样依靠别人的劳动而生存的人，鄙视那些像蠕虫一样从大众粮仓里攫取食物的人，鄙视那些像鲨鱼一样捕食弱小鱼类的人。品德高尚的人会跳出个人的圈子而为公众服务，由于并不是遵从任何形式的召唤（无论是帝王将相的召唤还是平民百姓的召唤），此过程中任何成功的、可信的、令人满意的行为都不要求有太多的脑力劳动或体力劳动以及二者的结合。”

劳动不仅是谋生的手段，而且是一种乐趣。通过人们的劳动，原本可能成为诅咒的东西变成了一种祝福。在某些方面我们的生活与自然是相冲突的，但在另一些方面，人类与自然之间又是和谐相依的。太阳、大气以及大地不断地消磨我们的生命，而我们又通过吃喝来汲取营养，通过衣物来取暖。

大自然与我们是紧密相依的。大自然向我们提供可以耕种的土地，使撒播的种子能够生长、成熟。在人类的劳动下，大自然提供给我们用以纺织的羊毛和赖以生存的食物，这些是我们永远不能遗忘的。然而，不论是贫穷还是富有，我们所吃的、所穿的、所住的——不管是华丽的宫殿还是简陋的茅舍——都是劳动的结果。

人们相互扶持、相互合作。农民耕种土地并提供粮食，织布工人纺织出制衣的布料；泥瓦工和泥水匠建造出我们居住的房屋。参与工作的人越多，创造出来的劳动成果就越多。

即使在最简单事物上运用的劳动与技能都具有宝贵的价值。劳动确实是人性的灵魂（人类的生命）。没有劳动，人类会立刻趋于灭亡。“那些不打算工作的人，”圣保罗说，“是不会有饭吃的。”并且他宣扬自己亲自参加劳动而并不依靠他人。

有一个非常有名的故事：一位年老的农夫在临终前将三个懒惰的儿子叫到床前，他要告诉他们一个重要的秘密。“儿子们啊，”农夫说，“我留给你们的庄园里藏有一大笔财富。”老人喘着粗气。“财宝在哪里？”儿子们迫不及待地呼叫起来。“我告诉你们，”老人说，“你们必须挖掘才能拿到财富。”还来不及把这个重要的秘密说完，老人就去世了。儿子们立刻开始用铁锹和锄头翻地，他们将以前长期忽视的每一寸地方都找遍了，最终他们也没有发现什么财宝，但却学会了劳动。当整个庄园里的土地都被耕耘，收获的季节不久到来了，他们耕种的庄稼所带来的收益是非常可观的。这个时候他们才明白隐藏在庄园里的、被他们的父亲称之为财富的东西到底是什么。

劳动既是一种负担、一种惩罚，也是一种荣誉、一种欢乐。劳动可以被视为贫穷，但劳动中也包含着光荣。它同时见证了我们的本能需要以及我们其他多方面的需求。人类发展过程中所有伟大的成果都来源于劳动——艺术、文学、科学莫不如此。被认为是“人类飞向天空的翅膀”的知识，只有通过劳动才能获得。才能只不过是一种高强度劳动的能力：它是一种创造伟大而持久的成就的能力。劳动可能是一种惩罚，但它确实是一种值得荣耀的惩罚。对于那些树立了最高目标和怀有最纯洁目的的人来讲，劳动是值得崇拜、尊敬和赞扬的，劳动也是不朽的。

许多人抱怨我们所遵循的劳动法则，这些人没有认识到遵循该法则不仅仅是遵从了天意，而且是智力发展和充分满足人类的需要所必需的。所有结果不幸的人中，懒惰的人无疑是最可悲的，因为他们的人生是贫乏的，他们除了满足自身的欲望之外无所事事。这种人难道不是最爱发牢骚、最不幸和最难以满足的人吗？他们的生活处于一种持续的对所有事物都厌倦的状态，对自己没什么益处，对别人也纯粹是个拖累。当这样的人从地球上消失的时候，没有人会感觉到失去了什么，也没有人会因此而觉得遗憾。因此，最可悲、最可耻的人正是那群懒人。

劳动者可能是为了满足自身需求抑或为了某种目的而不得不劳动，但是又有谁能像劳动者那样推动世界前进？劳动者坚持不懈地将勤劳运用于一切方面，从大麦的耕种到汽船的建造；从一件衣领的缝制到“倾倒世界的雕像”的雕塑，依靠这样的勤劳才获得了我们称之为发展的一切，包括文明、幸福以及繁荣。

同样的，所有有益的和美妙的思想都是劳动、学习、观察、研究以及苦心经营的结果。不经过辛勤的工作，优美的诗歌是不会被创作出来的，也不能流传下去。伟大的作品都不是“一气呵成”的，而是持续努力的结果，并且这些作品中有许多都是在前人失败的基础上获得成功的。新的一代开始的时候，旧的一代仍在继续，现实与过去互相交融。帕提农神庙最初只是一个泥制的小屋，《最后的审判》最初也不过是在沙子上弄出一些痕迹来而已。这与一个民族的发展是一样的，每一个人在开始时的付出是没有什么成果的，但通过一代代人不懈的努力，最终会使这个民族强大、繁盛。

劳动的发展历程已经证明了：勤劳即使不能为所有人赢得荣誉，起码可以为最穷苦的人赢得尊敬。从艺术、文学以及科学的发展历史来看，最伟大的人无疑是劳动人民。仪器制造工人为我们制造出了蒸汽机，纺织工人为我们创造出了纺织机，织布工人为我们制造出了精纺机，机工提高了机车技术，各种层次的劳动人民不断地推进着机械技术的进步。

我们在此所指的劳动人民并不仅仅是指依靠体力劳动的人，如果仅依靠体力来劳动，那么一匹马也可以做到这一点。但劳动人民更重要的是运用其智慧，并且整个的生理体系都处于更高层面智慧的影响之下。那些画出一幅图画、写出一部著作、制定一部法律、创作一首诗歌的人都是高层次的劳动者。他们虽不像农夫或者牧人那样提供维持一个社会的生存所必需的产品，但他们却为社会提供了最丰富的精神滋养。

以上论述了勤劳的重要性与必要性，接下来让我们看看勤劳到底有什么用处。显而易见，倘若不是先辈们技术、艺术、发明以及知识文化的积累，人类仍然处于蛮荒时代。

正是劳动者不断的积累才促进了世界的文明进步。积累是劳动的结果，并且只有当劳动者开始将文明累积的成果再次累积的时候，它才成为劳动的成果。我们已经说过，节俭是与文明相伴而生的，我们也可以说是节俭产生了文明。节俭产生了财富，而财富是劳动的结果。所谓的富人只不过是那些没有将工作所得的财富全部花光的人而已。

节俭并非人的自然本能，它是后天获得的一种行为原则；它是一种自我克制——为了未来能更加美好而对现在享受的一种克制——这是人类的一种事先考虑和慎重。今天工作为明天考虑，将所积累的财富投资并且为未来作准备。

但是大多数人并不能为未来作准备，他们不曾铭记过去，他们只看到眼前；他们没有留存什么东西，他们挣多少就花多少；他们不为自己作准备，也不为他们的家庭作准备；他们可能赚取高额的工资，但是他们将所赚取的通过吃喝全部消耗掉，这样的人将始终徘徊在赤贫的边缘。

国家情况与个人情况是一样的，将所生产的全部消耗掉，不为将来的生产留一点原料的国家就没有财富。就像挥霍无度的个人一样，他们生活艰难仅能维持生计，总是过着贫穷与潦倒的生活。

没有财富的国家就没有商业。这些国家没有积累起来的可以支配的财富，因此他们没有船只，没有水兵，没有码头，没有港口，没有运河，没有铁路。节俭和勤劳是世界文明的根基。

西班牙就是个明显的例子。西班牙拥有最丰饶的土地，但那里的产出却是最少的。瓜达尔基维尔河沿岸曾分布着一万两千多个村庄，现在只剩不到八百个了，而且这些村庄里到处都是穷人。有一句西班牙谚语叫作："天空是美好的，大地是美好的，唯一不好的东西存在于天空与大地之间。"不断的努力或者持续的劳动对于西班牙人来说都是无法容忍的事情。一半是由于懒惰，一半是由于自傲，他们不能屈从于工作。他们宁可为工作感到羞愧，也不会为乞讨感到羞愧。

由此，我们可以说社会主要由两类人组成：节俭的人和浪费的人、顾念将来的人和不顾将来的人、富人和穷人。

通过劳动节约的人成为使其他劳动运转的资本的主人。财富在他们的手中积累，并且他们雇佣其他的人为其工作，这样贸易与商业交易随之产生了。

节俭的人建造房屋、仓库以及工厂；他们用工具及机械设备来装备工厂；他们建造船只并且将这些船只开往世界各地；他们将资本聚集起来并且建造公路、港口以及码头；他们开办煤矿、铁矿和铜矿，并且竖起蒸汽泵以保持水的干净；他们雇佣工人开矿，并且使就业的人数急剧增加。

所有的这些都是节俭的结果，并且采用节俭方式的目的是有益的。挥霍的人是不能分享世界的发展的，他们将所得到的全部都挥霍掉，并且对其他任何人都没有什么帮助。不管他们所赚的钱有多少，他们的地位都不会因此而得到提升。他们自身不持有任何资源，他们总是在寻求他人的帮助。实际上，他们是节俭人的天生的奴仆。

第二章

节俭的习惯

所有成功的奥秘都是知道如何克制自己……一旦学会了控制自己，就成了最好的教育家。证明给我看你能够控制你自己，我将会说你是一个受过良好教育的人，否则，其他所有的教育都几乎没什么用处。

——奥利芬特

整个世界都在呐喊："拯救我们的那个人在哪里？我们需要那个人。"不要把目光投远来找寻这个人，这个人近在咫尺。这个人就是你，就是我，是我们每个人！……怎样才能使我们成为这个人？如果意志不够坚定，那么做什么事情都是困难的；如果意志坚定，那么事情就会变得容易多了。

——亚历山大·小仲马

技能与舒适是大多数人能力范围之内的事情，只要采取适当的方式他们就可以拥有一定的技能并且享受舒适。那些工资收入较高的人也可能变成资本家，为社会进步以及福利的提高作出贡献。但是，只有依靠劳动、活力、诚实以及节俭，他们才能提高自己的地位或者他们整个阶层的地位。

当今的社会不是缺钱，而是太多的钱被浪费掉。一个人所得到的东西并不能构成他的财富，他的财富取决于自己花钱和攒钱的方式。当一个人通过劳动所得到的多于其个人和家庭所需要的，并且可以额外留存一小部分储蓄时，他无疑拥有了构成社会福利的要素。这些储蓄可能数额很少，但足以使他独立。

没有理由解释现今那些工资高的人却不能积累下一部分资本这样的事实。那只不过是自我控制与个体经济的问题。实际上，当今主要的工业界领袖大部分都直接来自于地位低下的阶层。正是经验与技能的积累才使得工人与非工人产生了区别，并且这种区别取决于工人自己是节省还是浪费。如果他节省，他总是会发现他有很多的机会来有利、有效地运用这些资本创造财富。

“前几天当我在兰开夏的时候，”科布登先生对他的在米德赫斯特的老乡们说，“我与其他几位绅士一起参观了一家工厂。工厂主人的真名在这里我不便提及，但是现在为了需要我暂且称之为史密斯。当工厂开工的时候，在那里上班的人不下三四千，并且一间厂房里有700架动力织布机。当我们将要离开的时候，与我同行的一位朋友拍了拍工厂主的肩膀，并且带着那种与兰开夏人截然不同的真诚与坦率的亲密说：'史密斯先生在25年前也是一名工人，并且他现在所拥有的一切完全归功于他的勤劳与节俭。'史密斯先生对此立即进行了回应，也是以同样坦率和愉快的态度，说：'不，我所拥有的一切不全归功于我一个人，我娶了一个富有的老婆，因为她嫁给我的时候是一名织工，每周能挣9先令6便士。'"

节省时间就等于节省金钱。富兰克林说过："时间就是金钱。"如果想赚钱的话，那么必须合理地利用时间。时间可以用来做许多美好的、高尚的事情。可以用于学习、研究、艺术、科学及文学。时间可以系统地加以利用。系统是确保特定结果的一种安排，因此通过系统，在获得特定结果的过程中不会浪费时间。每个商人都必须做事系统、有秩序，每个家庭主妇也必须如此。每件东西都必须有一个放置的地方，而且每件事物也都必须放置于其应该的位置。每件事物也必须有一个时间界限，并且每件事情必须及时完成。

节约的好处是无可争辩的。没有人会否认践行节俭。我们所见过的无数的例子已经证明了这一点。许多人已经做过的事情，其他的人也都可以做到。节俭也并非一种令人痛苦的美德，相反，它可以使我们避免许多的轻蔑与侮辱。它要求我们克制自己，但并不要求我们放弃合理的享受。它给予我们许多真实的快乐，这些快乐将挥霍与奢侈从我们身边带走。

别说哪个人不能节俭吧！几乎所有人都能够在每周设法省出几个先令来。20年中每周省出3先令，20年后攒下的钱会达到240英镑；再加上10年，除了利息，积攒的数额会增加到420英镑。一些人可能会说即使每周节省3先令，他们也做不到。那好，那就从节省2先令、1先令甚至6便士开始吧。从节省多少开始无关紧要，但是无论如何，得有个开始。每周6便士，存在储蓄银行里，20年后的数目会是40英镑，30年后会增加为70英镑。人们需要养成节俭和自制的习惯。

节俭不要求人们具有过人的胆识、超群的智力以及非凡的品德。它只要求人们具有常识以及克制自私享乐的力量。实际上，节俭只不过是日常工作行为中的常识而已。它不需要十分的果敢，只需要一些自我克制的耐心。重要的是要迈出第一步。人们所做的节俭的事情越多，节俭的习惯越容易形成，对由于人们的自我克制而作出的牺牲的补偿也就越快。

可能会有人问：对一个工资低的人谈节省，在他需要用每一分钱来养家糊口的同时却要求他挤出一些钱存在储蓄银行里，这是可能的吗？但现实中的确存在这样的情况。许多勤劳和理智的人都在做着这样的事情；他们确实在克制着自己，并且将他们积攒的额外收入存入储蓄银行里。穷人也可以在银行里有所储蓄。如果一些人能做到这些，在相似的情况下，所有的人都可以做到，这样做并不会剥夺他们获得真正快乐和享受的权利。

那些收入较高但将所挣的钱全花在自己身上的人是何等的自私啊，即使这样的人成了家，也会将所有的收入都花个精光而没有留下任何东西。当我们听说一个人虽然收入较高但在去世的时候没有任何遗产——留给妻儿的只是贫困——让他们在这个世界上碰运气，让他们自生自灭，我们只能称这样的人是最自私的挥霍者。但是相对来讲可能只有少部分人会意识到这些，那么他们的妻儿只能开始沿街乞讨了。别人的资助有可能会有些帮助——也可能毫无帮助。

然而理智的人可以最大限度地避免这样的情况发生。一杯啤酒或一包香烟、对任何感官及自身享受的克制都可能使一个人在很长的时间内为他人节省下来哪怕是很少的一点储蓄，而不是将这些钱浪费在自己身上。事实上，为自己或者家人在患病期间以及无助的时候(这些都是在不经意间便会发生在人身上的事情)提供某些支持，哪怕是非常小的支持，也是穷人必须承担的义务。

相对来讲，只有少部分人是富有的，但大多数的人可以通过勤劳与节俭来获得满足他们个人需要的一切。甚至他们可以积累足够的财富来防止其年老时的生活拮据和贫困。有时并非缺少机会，而是意志不够坚定妨碍了人们的节俭。人们可以不断地进行体力或者脑力劳动，但他们却不能克制自己恣意花费和过很奢侈的生活。

大多数的人喜欢快乐地享受而不愿意进行自我克制。那些粗暴的人的情况最为严重。他们将所得到的钱全部花掉。我们听说过某人多年里每年挣多少花多少，一天他突然去世了，没有给他的儿女留下分文。当他们去世时，他们所居住的房间里的陈设都属于别人了。这些家具被变卖以支付丧葬费以及偿还他们活着的时候由于挥霍无度而欠下的债务。

金钱可以代表许多没有价值或者没有实用性的东西，但是它也可以代表许多非常珍贵的东西，比如独立。考虑到此，可以说从道德层面来讲，金钱也是很重要的。

作为独立的保证，节约适度性和普遍性会立刻被抬高，并提升至最值得称赞的优点之列。“不要轻率地对待有关钱的事情，”布尔韦尔说，“金钱体现人的性格。”人们身上所具有的一些最好的品行要依靠对金钱的正确使用才能得以体现，比如慷慨、仁慈、公正、诚实以及深谋远虑等。而人们身上所具有的一些最为恶劣的品行也源自对金钱的不正确的使用，比如贪婪、吝啬、奢侈以及缺乏远见等。

没有哪一类人会一边过着穷困潦倒的日子一边实现什么宏伟计划。将所挣的钱全都花掉的那些人徘徊在赤贫的边缘，他们必然会成为弱者和无能的人——时间和环境的奴隶。是他们自己造成了自己的贫穷。他们丧失了自尊，同时也丧失了别人对他们的尊重。他们成为自由和独立的人是不可能的。挥霍足以剥夺一个人所有高尚的精神和美德。

但是能够节省的人，不管节省多少，境地则会完全不同。他们所累计的那一小部分财富总是一个力量之源。他们不再是时间和命运捉弄的对象。他们可以大胆地审视所面对的这个世界。在某种意义上，他们是自己的主人，他们可以主宰自己，不再被收买或出卖。他们可以快乐地期望自己在年老时过着舒适愉快的生活。

当人类变得明智与富有思想时，他们一般会变得目光远大并且生活也会节俭。那些没有远见的人，如同原始人一样，得到多少就消耗多少，丝毫不考虑未来，不考虑发生不幸的时候该如何，不考虑那些依靠他们生活的人的要求。但是明智的人会考虑将来，他们已经及时地为未来他们和家庭可能会遭遇到的黑暗岁月作出了准备，并且他们已经仔细地为他们的亲人以及他们所爱的人作了准备。

对与自己结婚的那个人，人们要担负的责任是多么的重大啊！能够考虑这种责任的人并不是很多。在认真思考之后，人们可能会避免婚姻及其责任。但是，一旦结婚，就其应做出的努力而言，人们应当立即下定决心决不会让自己的家人缺衣少食，并且当他们失去生命或劳动能力的时候，他们的孩子不会成为社会的负担。

带着这样的目标践行节约是一项重大的义务。没有节约，没有人会是公正的，没有人会是诚实的。挥霍对妇女和儿童是一种残忍，尽管这种残忍可能是由于无知造成的。一位父亲将其剩余的财富用于酗酒，为家庭提供的很少并且没有积攒下财富，等他去世的时候，留下其家人成为他一生的受害者。还有什么能比这更残忍呢？然而在每一阶层当中都有相当多的人在不计后果地做着相同的事情。中上层阶级与下层阶级的人一样犯错误。他们的生活水平超出了他们的财富所能支撑的水平，他们过着奢华的生活。他们对金光闪闪、光彩夺目、轻薄与快乐的事物充满野心。他们努力变成富人，这样他们可以有钱来喝浓酒、吃大餐了。

几年前，当休谟先生在下议院说英国人的生活消费水平总体太高的时候，他的言论引起了“哄堂大笑”。然而，休谟先生说的是非常正确的。考虑到人们认为现在的生活节奏太快，并且人们都是在很高的压力之下生活，那么现在与过去相比休谟先生的说法更符合时代的客观了。总而言之，我们的人民正在过着奢侈的生活。我们的生活水平超过了我们的财力所能支撑的范围。我们正在挥霍我们的收入，并且通常紧随其后的是挥霍我们的生命。

许多人辛辛苦苦赚钱，却不知道如何攒钱或者如何花钱。他们有足够的技艺与勤奋去赚钱，但他们缺乏必要的智慧去攒钱和花钱。一时享乐的冲动俘获了他们，并且他们不考虑后果就做出了让步，这也许只不过是健忘的结果，但实际上，这样的冲动可以将人们坚定的意志以及为未来一些偶然事件的花费做准备的积极决心掌控。

节约的习惯主要是源于改善我们的社会条件以及改善那些依靠我们生活的人的条件的愿望。它摒弃了许多非必要的事情，并且避免了所有的浪费和奢侈的生活方式。如果一件物品是非必需品，那么以最低的价格购买下来代价也会是昂贵的。积少成多，小花费会累积成大数目。购买非必需品另一方面会使我们不久之后习惯于挥霍。

西塞罗说：“不要让购物的狂热占有你的一份收入。”许多人被购物的习惯弄得失去了自制力。“这儿的东西非常便宜，买下它吧。”“这些东西有什么用吗？”“现在没有什么用，但将来某个时间肯定能派上用场。”时尚加剧了购物的习惯。一些人购买旧陶瓷，数量之多就如同要开一家瓷器店。另一些人则购买旧字画、旧家具、老酒——所有看起来都是非常划算的交易。假如这些东西没有牺牲了鉴赏家的利益的话，购买这些旧物品本身并没有什么大的害处。霍勒斯·沃尔浦尔曾经说过："我希望不要有再一次的大降价了，因为我既没有地方可以放东西也没有钱可以买东西了。"

人们必须在年轻和中年的时候为老年时能过上舒适愉快的生活作准备。最可悲的事情莫过于看到一个在年轻时以自己的劳动赚取高额工资的人将自己所挣的大部分钱都花光了，到年老时要以乞讨为生，而且要完全依靠邻居们的怜悯和路人们的施舍得以度日。对上述这些事情的思考会激发人们在早期树立工作以及节约的决心，为他们自己或他们家人的将来着想。

实际上，人们在年轻的时候就应该践行节约，并且，在年老的时候，只要不超过他们的收入，人们应当可以自由地花费。年轻人有一个漫长的未来，在这期间他们可以遵循节约的原则；而年老的人已经接近其职业生涯的尽头，并且他们不能从这个世界上带走任何东西了。

然而，（年轻人节约）这样的情况并不是常见的。年轻人的当前花费和想要的花费与他们那将要结束职业生涯的父辈们一样大方，甚至经常要比他们的父辈们出手大得多。当他们的父辈们的生活停止的时候，他们的生活才刚刚开始。他们的花销要比他们的父辈处于他们这个年纪时的花销多，而且不久他们就会发现自己已经花光了所有的收入而不得不举债了。为了满足无尽的欲望，他们开始不择手段并且获得非法收入。他们尽力快速地赚钱；他们投机、过度交易并且很快就会沉溺于其中，这样他们获得了经验，但是这并不是善举的结果，而是做坏事的结果。

苏格拉底建议那些家里的顶梁柱们观察他们那些节俭的邻居们

的行为——观察那些把钱花在最值得的事情上的邻居的行为——从榜样的身上得到一些启示。节俭从本质上来说是可行的，并且可以通过事实来进行教导。有两个人每天都能挣5先令。他们两个人在家庭生活和花费方面的情况恰好是完全相同的。但是其中的一个人说他省不下钱，并且现实的确如此；而另一个人说自己省下钱，并且规律地将一部分节省下来的钱存到储蓄银行里，最终，他成了一名富有的人。

塞缪尔·约翰逊十分清楚贫穷人的困境。他曾经在自己的作品上具名“吃不起饭的人”。他曾经衣不蔽体在大街上行走，不知道将在哪里睡觉。约翰逊永远也忘不了他早年曾经经历过的贫苦生活，并且他总是劝导他的朋友和读者们要避免贫困。像西塞罗一样，他主张最好的财富和幸福之源是节俭。他称节俭为慎重的女儿、节制的姐妹以及自由的母亲。

“贫穷，”他说道，“带走了许多做好事的工具，却产生了如此之多的抵御自然或道德不幸的无能为力，以至于要千方百计来避免这样的不幸。因此，要下决心不要陷入贫困，不管你拥有什么，花费都少一些。节俭不仅仅是生活闲适的基础，它也是行善的基础。没有人能既帮助自己又帮助他人：在我们与别人分享之前，我们必须有足够的财富。”

他又说道：“贫困是妨碍人类快乐的最大敌人。它必定会破坏自由，并且它使一些美德变得不可行，使另一些美德在践行时十分困难。对于那些不管什么欲望都是可怕的人来说，不管遵循什么原则，应当考虑强迫自己学习我们那些吝啬的先辈们的人生格言了，并且可以学会压缩花销的有益的技巧，因为不节省，没有人能富裕，而节省的人很少是贫穷的。”

那些把节俭看成是必须被践行的事情的人们，从来不会觉得它是一种负担；并且那些以前从来不节俭的人将会惊奇地发现每周节省下来的那几个便士或几个先令确实会有助于保证他们的个人独立、道德提升以及精神升华。

在每一次践行节俭的过程中，都会体现出一份高贵。对节俭的每次实践对人都是一种促进。它体现了自我克制以及性格的力量。它使人的头脑有条理，培养了人们节欲的品行。它植根于远见的基础之上。它使得慎重成为人主要的性格特征；它使得美德成为主宰而非自我放纵。总之，节俭保证人们的安乐，赶走人们的忧虑并且驱散许多烦恼和焦虑（假如不节俭的话，我们会面临这些烦恼和焦虑）。

一些人会说："人是不能节俭的。"但是每个人都能做一些节俭的事情。"不能"将会导致人类和国家的毁灭。事实上，"能"与"不能"的可能性是一样大的。举一个例子：每天喝一杯啤酒就相当于每年花45先令。这个数目可以确保一个人在死后能够获得130镑的保险金。或者把这笔钱存到银行里，20年后数目会变成100镑。但是很多人每天都喝6杯酒，这些钱，如果不被花在喝酒上，20年后会变成600镑。每天花9便士喝酒的人20年内浪费的钱几乎高达2000镑。

一位店主向他的伙计建议说："还是为将来攒下点什么吧。"不久之后，这位店主询问他的伙计攒了多少钱。"说实话，什么都没有。"他回答说，"我按您吩咐的做了，但是昨天雨太大了，我把钱都用来喝酒了。"

一个人维持他及家人的生活，而不依靠他人的帮助，体现了他的自尊。每一个自立的人都应当尊重自己。他就是他自己生活的小小世界的中心。他的个人喜好、兴趣、经历、希望以及恐惧——这些对他个人来讲是多么重要啊，尽管这些对别人来讲并无多大关系。这些影响着他的快乐、他的日常生活以及他作为一个人的一切。因此，他只能对与自己有关的一切感兴趣并且是深深地感兴趣。

公正地说，人们不仅仅得好好考虑自身，还得好好考虑自己对他人应尽的义务。他们的目标不能定得过低，而是要把人类看成是被创造的“比天使稍微低级一点”的生物。想想自己与众不同的命运，想想自己的永恒利益，想想自己的伟大规划，想想自己被赋予的智慧，想想爱的力量，想想家人的支持——人们就不会只卑鄙地考虑自己了。最贫穷的人是两个永恒的中心，造物主遮蔽了一切。

因此，让每个人都尊重自己的身体、自己的思想、自己的性格吧！自尊源于自爱，自尊使人们迈开了改善的第一步。它激发人们去提升自己，激发人们去施展他们的才智，去改善他们的条件。自尊是大多数美德如洁净、纯洁、尊敬、诚实、节制的根源。卑鄙地考虑自己就是堕落——有时将最困难的境地传给别人，这是多么可耻的行为。

每个人都可以在某种程度上帮助自己。我们不是被扔在水流里来标记方向的稻草，而是拥有行动自由的、被赋予了乘风破浪力量的人，每个人都为自己规划了前程。我们每个人都可以在道德所允许的范围内提高自己。我们可以有真实纯净的思想，我们可以表现良好的行为，我们可以为了生活严肃而简朴，我们可以为将来黑暗的日子及早准备。我们可以读好书，聆听明智的老师们的教导，并且把我们置于一个世上具有最非凡的影响力的位置。我们可以为了最高目标而奋斗并且怀着这样的目标生活。

“自爱与改善社会是统一的。”我们的一位诗人曾经说过。改善自己的人也会改善世界。他们为这个社会增添了非常真实的人。社会是由个人组成的，每个人都改善自己，结果是整个社会都会改善，这个道理是显而易见的。社会的进步是个人进步的结果。倘若组成社会的人是不纯净的，那么这个社会也不能纯净。社会大体上只不过是个人状况的反射。上述一切只不过是对起码常识的反复陈述，但是常识经常被反复陈述可以加深人们的印象。

一个人，当他在改善自己的时候，最好也能够改善那些与自己接触过的人。他拥有更多的能力，他的视野变得更为开阔。他能清楚地发现那些被救助的人在条件方面存在哪些不足，他可以对那些人提供更为积极的帮助。他亲身履行自己的义务，并且可以令人信服地极力向其他人陈述对自己履行相同的义务的必要性。那些连自身都陷入纵欲的泥沼里而不能自拔的人如何能促进社会的进步呢？那些连自己都酗酒或者污秽的人如何教导别人戒酒或者清洁呢？“医生，先治好你自己再说吧。”一般人常常这样做出反应。

我们所要阐述的要点是：我们所期望的所有的个人的改变或者提高，都必须从自身开始。我们必须在我们的生活中体现真理，我们必须以我们自己为例教导他人。如果我们想要促使别人提高，那么我们必须先提高自己。每个人都可以从自身来展现这种结果。每个人都可以从自助开始做起。

人生的不确定性是人们为苦难的日子作出准备的一个很强的诱因。为将来可能的黑暗岁月作出准备是一个具有道德感的社会的义务，也是一个宗教的义务。倘若不能为自己特别是与自己同住一间房子的人作出准备，他就是否定了信仰，并且这样的人比异教徒更糟糕。

众所周知，人生无常。即使最强壮最健康的人也可能突然被意外事故或者疾病所击倒。如果我们把人生当作一个总体，那我们不得不承认生活的不确定性与死的确定性一样都是无可争辩的事实。

阿狄森的“米尔莎的幻想”中有一段震撼人心的文字，在这段文字当中，人生被描绘成如同大约有100个拱门的桥上的一条通道。在桥的两端都漂浮着一朵乌云。在桥的入口处暗设有陷阱，这些陷阱分布得很密集，一旦人们踏上这座桥，经过这些陷阱，拥挤就不存在了。越接近中间，人越少。不断有人消失，仅有一小部分人走得更远，但最后这一小部分人也掉进陷阱里了，这座桥的另一端已经完全没有人了。阿狄森的描绘与对人的生命时间的观察结果是一致的。

这样，一个国家所出生的10万人中，确定有四分之一的人活不到15岁，有一半的人活不过50岁，10100人可以活过90岁，16人可以活到100岁。10万人中仅有2个人——如同有无数护卫的树皮一样，可以活到那个高寿的和无能为力的年纪——105岁。

有两件事情是显而易见的——单个个人的死亡时间是不确定的，但是从总体看影响人的生命存续时间长短的环境是有规律的、稳定的。能确定的是在这个国家里人的平均寿命大约是45岁。这已经被大量的有关人的生命以及其存续时间的观测所证实。

人们对每年去世的人各个年龄段的分布状况同样也做了大量的观测。大量的实验数据总是会显示出概率法则来。通过这样的观测，精算师可以发现给定的生命区间内所存在的死亡率的估计值。精算师会告诉你他是依照死亡率规则而测算出来的。现在，实验结果经常地被用来证实精算师的死亡率是遵循一定规律的说法是有道理的。但是事实也的确如此。

确实，世界上没有像概率这样奇特的事情了。人的生与死都遵循一定规律。一只麻雀掉到地上也是遵循规律的体现。不仅如此，在我们的日常生活中有许多事情比如人们的猜测可能也纯粹是概率的结果，当从总体考虑时，概率被证明是相当精确的。比如，邮局里不写地址的信件的数量、投递错误的信件的数量、信封内夹带着纸币的数量、没有贴邮票的信件的数量，与邮寄的信件的数量之比，一年与另一年的比率，基本上都是一样的。

现在，理解健康的法则并且为其可能引起的后果做出防备就是人们应当做的事情了（比如，当人们生病、遇到意外或者过早死亡的时候）。有时候尽管我们的意图是好的，但我们却不能逃脱违背自然规律所带来的后果。我们必须及早做好防备。造物主是不会改变他的规律以使这些规律适应我们的无知的。他已经赋予了我们智慧，以使我们可以理解这些规律并且按规律行事，否则我们必定会在不可避免的痛苦与悲伤中承受后果。

我们经常会听到有哭喊声响起，“没有人愿意帮助我们吗？”那是一种了无生气、无助的呐喊。有时候它是一种反对吝啬的呐喊，特别是当发出呐喊的人面对那些容易自立的人的时候，这些人还具有一点自我克制、节欲与节俭之心。

许多人还不知道美德、知识、自由以及幸福都必须来源于他们自身。法规对他们没有什么帮助：它并不能使他们节欲、明智以及行善。议会法案中是找不到大多数人主要苦难的原因的。

挥霍者嘲笑法规。酒鬼蔑视法规并且抛弃了考虑将来的分配的权利以及自我克制的权利，攻击他人造成了自己的最终悲惨境地。暴民的辩护人，他们身边召集了“数以万计”的暴民，具有非常广泛的影响，他们不训练这些大批的民众培养节俭、节制与自我修养的习惯，而是鼓动他们继续叫喊：“没有人将会帮助我们吗？”

这种叫喊腐蚀了人的灵魂。它体现了对个人福利的第一要素的严重无知。帮助不帮助在于人们自身。人们生来就要帮助与提高自己。他们必须想出解救自身的办法。最贫穷的人都做到了这一点，为什么其他人不做到呢？勇敢、向上的精神是不可战胜的。

这个国家里收入较高的工作人员的数量已经变得越来越多了，有谁会为了提高自己的精神福利、增强自己的自尊心和独立性以及提升自己作为人或者公民的形象而轻易地节俭呢？他们会没有远见和挥霍到证明这样做对他们个人快乐的伤害不少于对他们作为重要的社会组成部分的伤害程度。

“繁荣时期”，他们大把大把花钱，而当情况相反时，他们马上陷入可怜的境地。钱没有被合理地利用，而是被滥用了，并且当挣工资的人能为养老或者为家庭成员的增加带来的需要作出准备的时候，他们却在助长愚蠢、浪费以及罪恶。不要以为这是一种夸大的说辞，只要看看周围的邻居们，看看他们花费多少，攒下了多少就已经足够了。收入中被用于喝酒消费的那一部分何其多，而存入银行或者为社会谋福利的那一部分是何其少啊！

“繁荣时期”通常是所有时期中经济最不繁荣的时期。在繁荣时期，工厂能开足工；男人、妇女及儿童都被支付高工资；仓库空了又满；商品被制造出来并且出口；装满产品的车沿着街道行驶；巨大的货物火车沿着铁路前行；大吨位的船舶满载着我们的产品每日出发，驶向国外的港口。每个人看起来都好像正在变得更富有、更幸福。但是我们没有想到男人和女人们是否正在变得更明智，是否受过良好的教育，是否减少了自我纵欲，是否对生活有了更为合理的安排，是否有了更高的生活目标而非仅为了满足动物性的嗜好。

倘若仔细审视一下这种表面上的繁荣，就会发现所有各方面的支出都在增加。对工资有更高的要求，并且人们一旦拿到高工资就会立即将它花掉。无节制的习惯被养成了，而且一旦这样的习惯形成，则会一直持续下去。增加的那部分工资，没有被节省下来，大部分都用在喝酒上了。

当人们轻率、不注意节约时，没有哪种物质繁荣会有助于他们，除非他们能够有远虑并且节俭。他们总是交替处于“饥饿和涨满”的状态。当交易剧减的时候（通常在特别的繁荣之后会出现这种状况），他们不会为“要是当初能节省下点钱”的想法而感到欣慰，他们早该料到，“繁荣时期”没有什么会持久地发生在他们身上的。

在繁荣时期，人们通常会过懒散的周一。银行每周都放假。“工人都去哪里了？”一位雇主巡视在建的大楼时问工头说，“工期必须往前赶，在好天气结束之前，工程必须得完工。”“为什么啊，先生，”工头说，“今天是周一，那些工人还没有将他们挣的钱花光呢！”迪恩·博伊德代表德文郡的医院在埃克塞特讲道时，表达了他的观点，他认为每年羊毛制造、棉花交易、砌砖以及建筑业工人由于懒散的周一而损失的数额高达700万英镑。

如果人的主要目标是制造布匹、丝绸、棉花、五金、玩具以及瓷器；以便宜的价格购买并且以最理想的价格出售；开垦土地，种植棉花并且养牛；仅为金钱利益而活，并且看情况积蓄或者花销，那么我们真应该为国家的繁荣来恭喜我们自己。但是这些是人的主要目标吗？除了自身具有的肌肉器官外，难道他没有才能、感情以及同情心吗？难道他的思维和心灵不应当像他的嘴巴和后背一样值得重视吗？难道他的灵魂与他的胃不是一样的重要吗？难道“繁荣”不应当像包含他的骨头与肌肉一样包含他的道德和智慧的提高与安乐吗？

仅仅靠钱是不能体现繁荣的。一个人的性格可能会保持不变，也有人可能即使每年支出增加一倍或者储蓄增加一些，而性格却变得更加不完善或者畸形。他们收入的增加可能只不过是提供他们更多的钱去满足他们那些感官私欲，除非他们道德水平的提高与他们的物质生活水平的提高能够同步进行。繁荣时期，一个没有受过教育的、过度工作的人，他的收入增加一倍，结果会怎么样？那只不过是提供给了他更多的钱用于吃喝而已。这样，甚至是人们的物质安乐也不能由那些政治经济学家所称的“国家繁荣”的状态来保证了。并且只要道德因素的问题被忽视，这种“繁荣”所带来的后果是弊大于利。只有知识与美德能给予人们尊严；并且知识与美德的增加是体现一国实际繁荣的唯一标志，而不是那数不清的印花棉布、玩具、五金以及陶器的制造与销售。

曼彻斯特的主教一次在普雷斯顿附近的感恩节上讲道时，谈到了他收到的英格兰南部的一名牧师的来信。在信中，这名牧师在表达了对农业雇工能够挣取更高工资的愉快之情后，悲叹道：目前高工资所带来的唯一结果是有更多的啤酒被消耗掉了。倘若这就是我们正在创造的繁荣的用处的话，那我们很难将它视为我们感谢上天的理由了。真正的国家繁荣在很大程度上并非仅指国家财富的增长——尽管财富是繁荣的必要组成部分，但是繁荣更重要的是指国人品行的提高，以及尘世间的舒适、满足等诸如此类的和谐分布。

在进行上述评论时，我们丝毫没有倡导形成贫穷习惯的意思，因为我们痛恨铁公鸡、吝啬鬼和守财奴。我们所要提倡的是人应该为未来提早做打算：他们应当在大好的时候为将来几乎必然会经历的黑暗岁月作准备；他们应当留出一部分储蓄作为需要时的防洪堤，并且预留一部分基金来养老，保障他们的自尊，以增加他们的个人舒适及社会幸福。节俭与贪婪、高利剥削、贪心及自私是决不能相提并论的。它实际上与这些丑恶的习性刚好相反。它意味着人为了保证独立要节省。节俭要求人们花钱但决不滥用钱，要求人们诚实地赚钱并且省着花钱——

不是为了要将它藏入金库，

也不是为了要有仆人服务。

而是为了独立的人格尊严，

和不受别人的奴役之苦。

第三章 培养节俭的美德

自立与自制将会教导人们从自己的水池里喝水；吃自己香甜的面包；通过自己真正的学习和劳动，过自己的生活；并且谨慎地花钱，把钱都花在自己认为值得的事情上。

——培根

因此，热爱劳动吧：如果你不想为获得食物而劳动，你可以将其视为一剂良药。劳动有益于身心的健康：它可以防止结出懒散之果。

——威廉·宾

如果父母不教导自己的孩子做一笔交易，就是在教孩子做一个窃贼。

——婆罗门圣经

那些说“节俭不了”的人可能没有注意到许多工人阶层的收入要大大高于专业人士的收入。这一事实无论如何也算不上是一个秘密。在已经出版的蓝皮书里，它明显地摆在议院委员会的面前，为报纸所报道。任何矿主、铁器制造业主或者纺织业主都会告诉你他们支付给了工人多高的工资。根据受雇的童工的人数计算，受雇于棉织业的家庭每周可以挣的钱不下3英镑。这样他们的年收入高达115英镑——这个数字要比许多的专业人士的收入高许多——高于乡村医生的平均收入水平，高于所有宗派的牧师和教长的平均收入水平，高于普通学校的教师的平均收入水平并且整体可能高于大不列颠王国的中层阶级的收入水平。

布莱克本的一位雇主告诉我们说许多人每周的收入超过5英镑，或者年收入260英镑。这样的家庭，他说：“一周的支出应当不会超过3英镑。其余的应当被攒起来。但是他们中的多数人，在吃饱穿暖之后，将余下的钱都花在饮酒及寻欢作乐上了。”

伯恩利地区的收入情况也大致相似，工人们的收入大部分都花在吃、喝及装扮上了。在这里，跟其他的工厂区域一样，“年轻人（工厂工人）与父母搭伙相当普遍，这对家长的威信是有害的”。另一位记者也指出：“工资在增加，钱越多，花钱的时间也越多，而戒酒的人没有增加，特别是妇女。”

受雇于毛制品制造业的工人们，排除掉他们的孩子们的收入之后，每周的收入大约是40先令，一些人会达到60先令。一个熟练的发动机制造厂的机械工每周能挣35～45先令，并且一些机械工挣得更多。结合这些数字就可以发现他们的年收入从100到120英镑不等。

矿工及钢铁工人的工资收入更高。在最近发行的一份报纸上，一家最大的煤矿业主公布了他的雇工中每周收入4～5英镑或者年收入200～250英镑的煤矿工人的名字。

与之相比，钢铁工人的工资更高。一名滚板机工人一年很容易就赚到300英镑。钢轨轧机工人赚得更多。在繁忙的时节，他们一周能挣7～9个几尼，相当于年收入300～500英镑。但是，如同棉厂的工人一样，钢铁工人的子女也同样工作，充当副手，这些子女也往往获得高工资。这样，钢铁工人的副手通常是14岁或14岁以上的男孩，他们每周挣大约19先令；而帮手通常是14岁以下的男孩，他们每周挣9先令。

这些工人的收入要远远高于专业阶层的平均收入。钢轨轧机工人的收入相当于女王的近卫步兵里中校的收入，滚板机工人的收入相当于陆军少校的收入，粗选机工人的收入相当于中尉和副官的收入。

戈德史密斯在谈及乡村牧师时认为他们“以每年40英镑的收入迅速变富”。从戈德史密斯写下上述文字的时候起，牧师的收入确实增加了，但是却不及那些熟练和非熟练工人。如果牧师仅仅是为了钱而工作，那么他们必定应该换换工作了，变成煤矿工人和钢铁工人。

几年前，当笔者去参观伦夫鲁郡时，煤矿工人一天的收入是10～14先令。用俗话说就是：“他们像造币机一样赚钱。”举例说明，一位父亲及其三个儿子每月挣60英镑或每年挣700多英镑。父亲是一位节制、坚定、“明理”的人。当高工资持续的时候，他是早上第一个进入矿坑的人也是晚上最后一个离开矿坑的人。一年（1873—1874）当中，他只有5天没有工作——由于斋戒日与节假日的原因。因为相信高工资不会维持很长的时间，所以他和他的儿子们尽可能地多工作。除了提高自身以获得更高的地位外，他们积蓄了一大笔钱，并且买了几处房产。

同一街区有另外一名煤矿工人，他有四个儿子，与上面的那位工人的工资相同，也就是每个月75英镑或者一年900英镑。这个家庭在一年里买了五处房产，除此之外还攒下了一大笔钱。我们所得到的有关他们的最新消息是这位父亲已经成为一名包工头，在他的手下有60名工人，他们负责将煤炭运至井台。儿子们照料着他们父亲的事业。他们全都是节制、勤劳、明智的人，并且他们对同一街区的人们的教育和生活改善产生了极大的兴趣。

同一时间，这两个煤矿工人家庭都做得如此之好，这与他们的大部分同事是十分不同的，这些同事每周只工作3天。一些人将其收入花在了酒馆里，其他人在海边边“玩乐”边喝威士忌。为了玩乐他们提前两周就花钱租下了所有的快艇、四轮马车、出租马车以及其他玩乐器具等。当下个周一到来的时候，就会出现这样的场景：长官正襟危坐，一些黑眼睛、棕头发的男人和女人，被带到他面前等待判决。在高工资时代到来之前，法院要处理的事务一个小时就能完成，有时候根本就没有什么事情需要处理。但是当工资翻倍的时候，法官们很少能在一天内处理完相关事务。似乎高工资就意味着更多的懒惰，更多的威士忌以及更多的头破血流。

这无疑是煤矿工人的“飙升年代”，倘若他们拥有必要的自制力，他们可能已经积攒下大量的财富了。许多在煤矿工作的人一周里有三四天无所事事，而那些靠煤炭生活的人却因为缺少煤炭而忍受饥饿和冰冻之苦。人们在很长时间里都不会忘记那段煤荒的岁月。在煤荒持续的日子里，埃尔科勋爵到东洛锡安一个叫车嫩特的村庄里向矿工们发表演说，认为是他们的挥霍、懒散以及他们的蓄意的合谋才造成煤炭价格的高涨。

埃尔科勋爵具有道义勇气——一种当今时代非常稀缺的品质——他告诉了他的选民们一些严酷但确实的真相。他与矿工们就煤荒以及延长煤荒的意图进行争论。矿工们一周工作3天，其余的时间则无所事事。一些矿工在一周或两周的时间里根本不做一点点的工作；另一些人一年要休100天的假。但是他们用所挣的钱干什么呢？他们把钱攒下来以备穷困的日子使用了吗？或者当“飙升年代”不复存在的时候，他们为可能依靠贫民救济税过日子做好准备了吗？勋爵发现这样的一个例子，一个人和他的两个儿子两周挣7英镑，他说：“我想看到那些煤炭工人好好利用这段令人愉快的大好时光，运用他们的勤劳努力提升自己目前的地位以实现自立并且成为他们自己的煤炭业主。”

根据一份报纸的报道，一个矿工的工资相当于一名上尉的工资，一个在矿山工作的男孩的收入相当于一名女王卫队的中尉的收入。“我只知道，”埃尔科勋爵说，“我有一个儿子，在他刚加入女王卫队的时候，他是一名少尉，他的工资（记住要赚回在购买体制下他不得不支付的500英镑）不像你们现在拿到的工资，而是经济不景气时候的工资，并且一天只有5先令。”可能有人会说矿工们是冒着生命危险工作的，但是士兵也是如此的啊，并且埃尔科勋爵提到的那个男孩后来在阿散蒂战役中牺牲了。

高工资时代并没有给人们留下什么好的印象。价格被抬得很高，道德水平降低，工作做得糟糕。英国工人的手艺水平出现严重的倒退。人们开始太多地依赖外国人。贸易链条很大程度上断裂，工人与业主都蒙受了巨大的资本损失。阿伯代勋爵认为单就工人而言，在近期南威尔士的罢工中，他们的损失就高达300万英镑。12万工人即刻被迫陷入失业的境地，并且在他们失业的那段时间里损失的工资收入为15万英镑。

雇主们是如何评论近来短暂的“繁荣”，这很容易想象出来。但是在此引用记者们的一些评述是很有必要的。一位南兰开夏郡的大雇主说：“醉酒的人增加了，个人暴力没有得到有效的抑制。教育还没有使人们做好改变的准备之前，高工资和家庭参政就来到了人们身边。”

纽卡斯尔近郊的一家大型钢铁厂里，滚板机工人和钢轨轧机工人的工资最高，他们的年收入在300～400英镑，据业主的观察：“除少数人外，恐怕他们及家人把他们所挣工资的大部分都花掉了。”南斯塔福德郡的一名雇主说：“大多情况下，钢铁厂的工人在下周结束之前就花掉了他们所有的工资，当然，也有一些例外，但不幸的是这样的人少之又少。”南威尔士的一名雇主说道：“至于人们节俭的习惯，只有一少部分人是审慎、节约的，他们通常把钱花在置办房产上。但是大部分人通常都是提前消费，在挣到钱之前就已经花光了钱，并且花钱的方式都是最鲁莽的。大量的钱花在饮酒作乐上，而饮酒又导致了懒散，正是由于酗酒与懒散，每个星期直到周三才能不短工，因为到周三大部分最懒散的人才能变得严肃起来。当然，当工资水平比较低的时候，人们的工作是更有规律的。酗酒的人减少了，各个方面——不论是精神方面还是物质方面当地人们的状况都变得更为健康了。”

另一位观察家评论了比尔斯顿的矿工的情况，在那里大约有6000名矿工。他们每年花在各种酒上的钱不下15000英镑。在比尔斯顿市场上可以很容易观察到矿工们的浪费行为。没有其他的市场能像当地的市场那样能供应良好的家禽，或者，相对于当地的人口而言，家禽的供应量是如此之大。并且这些家禽即使不是全部也主要是为了满足当地工人阶层的需要——因为当地的居民，与这些工人阶层没有关系的，数量相当少。周六可能看到那些衣着污秽的人在买鸡、鸭、鹅以备晚餐食用，并且有时候他们也买瓶装的啤酒和葡萄酒。然而世上很少有人是先知先觉的，当工作被停止的时候，他们在两周之内就会开始典当家里的小家具及衣服以维持生计和饮酒。

爱丁堡的钱伯斯先生在谈到森德兰地区的工人阶层时，曾有过如下的评论："带着深深的悲痛我注意到各地的工人的情形都是一样的。他们的放纵已经达到非常严重的程度。高工资被挥霍在低级的嗜好上，人们很少会关注明天会怎么样，并且贫民院成了最终的避难所。一个在铸铁厂上班的工人，多年来每天的工资是1几尼或者一周的工资是6几尼；他花光了所有的钱，大部分是花在酗酒上，现在已经沦落到去一个低等的车间工作，每周只能挣1英镑。"

还有另外的例子。布莱克本的一名职员每年花20英镑租了一套房间，并且他将房间的地下室转租给了一名工厂技工，租金是每年5英镑。这名职员要养活他的妻子、四个孩子，并要支付一名仆人的费用，而技工的家人除了他的妻子外还有五个孩子。职员和他的老婆衣着考究，他们的孩子上学读书，并且周日去教堂做礼拜。技工的家人中一部分人去工厂，一部分人去贫民窟，但是没有孩子去上学，他们除了在周日，当他们的衣服被从当铺刚拿回来时还算穿着考究之外，其余时间都衣着不整。当周六到来的时候，地下室的煎锅便开始响个不停，一直到周一晚上。而且很规律地，每到周四的时候一包衣服会被送到当铺典当。然而住在上面的职员一家的年收入是100英镑，而住在地下室的技工一家的年收入是150英镑，比职员家庭的收入还要多出50英镑！

一位同一街区的雇主过去常常说："我消费不起羊肉、大马哈鱼、嫩鸭肉以及青豆、新鲜的土豆、草莓等这些当季的美味佳肴，我的雇工们吃了这些三四周之后，我才买得起。”

这些高收入技工们的严重的自私、挥霍与愚蠢简直让人难以置信。人们常常举一些事例来描绘那些“下等人”的工人阶层，但是只要工人阶层显示出这样的感官沉溺与浪费，他们将总是“下等人”。在这样的事例当中，浪费不仅仅是很大的罪过，是罪恶的起源，而且是很大的残忍。就一个家庭的父亲来说，会使一些人在这个世界上陷入无助的境地，将钱花在个人的享乐如酗酒上，这样做由于坏的表率作用会对妻儿产生无法挽回的误导，这是最无情、最自私的。这样的人患病后，被解雇，他的孩子们立刻被剥夺了生计来源。还有鲁莽的父亲甚至不做些预防措施使自己成为一个节俭的、有益的社会的一员，当他生病的时候，他的妻子和孩子要忍饥挨饿，或者他去世了，他的妻儿沦落到靠路人的施舍或者贫民救济税生活。

对那些对自身幸福漠不关心的人——确实对他们自身的提升不感兴趣的人——提权利的扩张似乎无异于对牛弹琴。勤劳的人的朋友会诚恳地告诉他们，如果真的希望远离自私的堕落并且提高自身尊严的话，他们必须践行慎重、节约与自制。只有实践自立的原则，他们才能在社会上赢得尊严、稳定以及体谅，或者他们才能在社会福利的大框架下提升自身的影响力和权利。

布朗，牛津的一名鞋匠，认为：“一名好的技工是世界上最独立的人。”至少，他自己是这样的人，因为他的技艺高超，他总是有生意可做。假如一个人能做到一般的勤奋、审慎和明智，他就可能是一个有用的、健康的、快乐的人。加上在财富的使用上能够节俭的话，如果每周挣30～40先令，他可以衣着考究，生活得很好，并且可以无愧地教育他的孩子。休·米勒在做石匠的时候每周的收入从来没有超过24先令，以下就是他15年经验的表述：

“现在把劳动阶层的条件描绘得凄惨似乎是非常流行的事情，从我从事石匠工作的第一年开始直到我最后一次拿锤子和凿子，我从来都不知道到底什么是缺钱：我的两位叔叔，我的爷爷还有我的师傅——所有的工友们都有类似的经历，我的父亲也是如此。我不怀疑那些有功劳的技工可能在特殊的情况下会缺钱。但是我可能有些怀疑这些情况是否真的是特殊的情况，并且工人阶层所遭受的许多痛苦要么是工人浪费造成的，要么是学徒期间那些微不足道的小事造成的，就像学校的小事那样普遍。而这些事情总是使人沉溺于其中——将自己置于更低等工人的位置。”

最让人痛心的就是发现在这个国家里竟然有这么多的收入最高的工人将这么多的钱花在了满足他们的个人与感官享受上。许多人将其收入的三分之一，有的人是收入的一半，有的人是将全部收入花在酗酒上。就那些受过良好教育的阶层来讲，表现出如此程度的自私纵欲，并且将收入的四分之一花在老婆和孩子们无法享受的事情上，将被视为是十分恐怖的事情。

罗伯克近来在一次公众集会上曾问道：“为什么那些通过自己的技术劳动获得年收入200或者300英镑的人表现得粗鲁、粗俗、野蛮呢？他们没有理由成为这样的人。为什么他们不能像一名绅士一样？为什么他们的房间不能像我的房间一样？当我下班回家之后，我会看到什么？笑脸相迎的妻子—— 一位优雅的、有教养的女士。为什么他们回到家的时候不会感受到相同的快乐呢？我想知道，当工人从日常的劳动场所回到家后，为什么看不到他们的桌子像我的桌子那样布置，为什么他们看不到妻子的衣着考究、整洁、深情、亲切，并且他们的女儿也是一样呢？……我们都知道许多工人，挣着高工资，却把钱花在酗酒上，而不是为其妻子和家人添置一些衣物。为什么这些人花他们的工资时不能像我花我的那点小小的薪金一样，将它们用于精神的愉悦上，与家人一起追求精神上的快乐呢？为什么工人们不能在享受他们的饭菜并且为他们所得感谢上天后将他们注意力转向精神享受而不是去附近的酒馆里喝酒呢？工人们应当从内心深处思考这些事情；跟工人谈话并要他们相信自己是这个国家最伟大的人物的人并不是工人的朋友，他不会告诉工人处在工人的位置应尽的责任义务是什么。”

要说明浪费以及奢侈的原因并非易事。它必定是从原始未开化的人那里遗传下来的残留物，它肯定是一种残存的习惯。原始人大吃大喝直到什么东西都没有了，然后他们去狩猎或者去打仗。抑或它可能是奴隶制度所残存的习惯。奴隶制度是最早的一种人类制度。强势的人让弱势的人为其工作，好战的人征服不太好战的人，并使他们成为自己的奴隶。这样奴隶制度很早的时候就已经存在了。在希腊和罗马，自由民参加战斗，而奴隶参加劳动。但是家庭里也存在奴隶制度。妻子是丈夫的奴隶，就如同他从市场上买回来的奴隶一样。

奴隶制度长期存在于人类历史的长河。在卡萨尔登陆的时候，它就存在了。它存在于撒克逊时代，当时家务劳动都是由奴隶们完成的。撒克逊人是臭名昭著的奴隶贩卖商，并且爱尔兰人是他们最大的买家。主要的奴隶交易中心在布里斯托尔，从那里，撒克逊人将大量的奴隶贩卖到了爱尔兰，因此，根据爱尔兰历史学家的考察，在爱尔兰几乎每家都有一个英国奴隶。

诺曼人征服英格兰后，他们延续了奴隶制度。他们将撒克逊人的奴隶变成自己的奴隶，他们将这些人判为隶农和奴隶。《末日审判书》上载明苏塞克斯郡的路易斯一头牛的市场税是1便士，一个奴隶（非农奴而是无条件的奴隶）的市场税是4便士。从那时候起，奴隶制度以各种形式得以延续。这种被称为“过去的好时光”的奴隶制度直到亨利四世（1399—1413）统治的时代才不复存在。当时，奴隶、农民和技工的孩子被禁止上学，并且很久之后在没有得到领主许可的情况下，这些人都不敢让他们的孩子上教堂。英格兰的国王们，在与封建贵族的角逐中逐渐放松了有关奴隶的法律等副条文。他们特许成立皇家自治市，并且当奴隶们逃进这些自治市时，可以隐瞒自己一年零一天，然后他们可以变成自治市的自由民，并且通过法律宣布他们获得自由。

英格兰的最后一批农奴于伊丽莎白女王执政时期得到解放，而苏格兰的最后一批农奴直到18世纪末的乔治三世执政时期才得到解放。在此之前，矿工与盐工都与土地绑在一起，他们随土地被买卖。他们没有权利决定他们的工资是多少。像美国南部的奴隶们一样，他们只能是被动地接受那些只能够维持他们工作中所需要的体力的生活资料。

他们从来没有被要求为任何的目的而节约，他们对他们自己积攒下来的财物没有任何权利。他们不需要为明天而准备，他们的主人已经为他们准备好了。浪费的习惯就这样形成了，并且一直持续下去。那些苏格兰矿工们，近来的日收入为10～14先令，正是18世纪末最后那批奴隶的后代。1799年通过的一部法令的序言是这样写的："有鉴于在通过先行政权的第十五部法令之前，许多矿工、炭工以及盐工一辈子束缚于煤矿或者盐场，并且要随之转让。但是根据该法令，他们的这种绑定已经被废除了并且他们已经被宣布获得自由了。"虽然许多的矿工、炭工以及盐工没有遵循该法案的条款，而仍然持续着这样的绑定状态，新的法案再次申明他们已经摆脱了被奴役的状态。奴隶们从前所挣的仅够维持自身生存，留不下什么为未来作准备。因此，我们说矿工的浪费如同钢铁工人一样，只不过是我们政治制度里的奴隶制度的残存物而已。

现在情况已经完全不同了。工人，不论做什么工作，与以前相比都自由多了。他们所遭受的唯一奴役是由于对饮酒的狂热所造成的。在这方面他们比较像爱斯基摩人和北美的印第安人。他们能获得真正的自由吗？那么他们必须释放一个自由的、负责任的人的力量。他们必须能够进行自我控制，并且为了将来更高层次的快乐能够牺牲眼前的享受。只有通过自尊、自制，工人的社会地位才能真正得到提高。

与以往任何时候相比，现在工人的身份都不仅仅是公民这么简单。他们是一种被公认的力量，并且在宪法的范围内也得到承认。技工讲习所、报纸、互济会以及所有文明的现代媒介都充斥着大量的支持他们的内容。他们被认为是明智人的一分子，并且，慢慢地，伟大的思想家、艺术家、工程师、哲学家以及诗人不再在意他们的阶层，这已表明智力是不分等级，出身也是没有绝对的优劣的。文明的影响力正从底层唤醒社会；并且日常的证据也显示劳动阶层正提升为一种重要的社会力量。可能表现有令人不满意的地方，但是不满只不过是改善条件所必需的。因为假如一个人对他所出身的低层没有什么不满意的话，那么他就不可能有动力把自身境况提高到更好的层次。满意就是静止，然而，合理的不满，是对未来发展的关注，是试图去工作，去行动。

工人阶层对自身力量存在严重的低估。尽管他们领取的薪水或工资超过了专业人士的平均收入，然而他们当中的许多人除了住在简陋的房间里并且将闲暇的时间和多余的钱花在饮酒上外没有什么其他的想法。他们似乎缺乏对自己以及对他们的阶层的尊重。他们滋长了这样的观念：劳动中存在着某些有辱人格的东西。没有什么事情比这更错误了。所有的劳动都是高贵的、值得尊敬的。正是懒惰的人，而并非其他人，才是无尊严的、可耻的。

“让工人阶层，”斯特林先生说，“将其日常的任务，无论这些任务是多么的微贱，与他们所能领悟到的最高尚的思想结合起来，这样他们就可以确保自己命运的公正并且使自身最大限度地发挥作用。正是由于工人阶层没有做到这一点并且当其他人能做到这一点而没有帮助他们这么做时，劳动者的命运至今仍然与卑劣、不体面的事物联系在一起。”

就酬劳来讲，如我们在上面提到的那样，熟练的机械工和技工的平均工资要高于教区牧师的平均工资；工程师的工资高于行军兵团中旗手的收入；任何大建筑工程的工头的收入要高于军队外科医生的收入；钢轨轧机工人每天的收入超过1几尼，而一名助理海军外科医生一天的收入仅为14先令，并且，熬上3个年头后，日收入会变为定量的21先令。大部分不赞成英国国教教义的牧师的收入要比较好的熟练机械工和技工的收入低得多；受雇于会计室比仓库的职员的平均收入要更低。

熟练的工人可能——假如他们有这个意愿的话，他们可以拥有像我们所提到的那些受过良好教育的阶层那么高的社会地位。是什么阻止了他们社会地位的提升？仅仅是因为他们不愿意利用他们的闲暇时间来启发他们的心灵。他们有足够的金钱，但他们缺乏的是教养。他们应当知道人们的社会地位更大地取决于人们的品行与智慧而非他们的收入。并且，正是由于他们忽视了大量的机会——由于他们的挥霍并且将收入花在满足感官享受上，由于他们拒绝启发他们天性中最为高尚的部分——他们被排除，更确切地说是自我排除在他们原本有权参与的那些社会及其他权利之外。

尽管工资高，在大部分情况下他们无法摆脱他们阶层的着装、语言以及举止习惯。在闲暇的时候，他们穿着脏衣服示人，手也不洗。不论这些工人的技术是多么的娴熟，他们还是准备将他们的思想与人格降低到他们同类人中的最低水平。甚至由于自己高超的技艺所赚取的额外的钱财都加剧了他们的道德堕落与人格退化。然而他们本可以像那些专业人士一样穿得好、住得好、享受身体的舒适和精神的乐趣的。但事实却并非如此。日复一日,他们挥霍着自己的收入,没有节省哪怕是一丁点的东西。他们是酒馆的受害者，并且当生意萧条或者身体患病时，他们唯一能去的避难所就是贫民院。

这些严重的弊病如何才能得以矫正呢？一些人说通过教育，一些人说通过道德的和精神的劝告，还有一些人建议组建更好的家庭、有更好的妻子和母亲。所有这些无疑都非常有利于人们的提高。有一件事情是非常明确的，那就是大量的愚昧盛行，所以在低层次的人得到提升之前，必须先要消除这些愚昧。他们的整体的特性必须加以改变，并且必须从小就教导他们养成预先安排及自制的习惯。

我们经常听人说“知识就是力量”，但是我们从没有听人说过愚昧就是力量。然而在这个世界上愚昧无知的力量要大于知识的力量。愚昧支配一切。正是由于人们邪恶的习性，现代政府——这个支出庞大的统治机构才得以存在。

愚昧使得人们互相争斗，养活了监狱和教养所，警察以及保安。所有的国家武力机构都是由愚昧的人来供养的。应愚昧的要求而产生，又常常受愚昧的支配。我们可以坦率地承认愚昧就是力量。

愚昧就是力量，因为知识只能进入少数人的心灵。让知识更为广泛地传播，让民众变得有教养、有思想、明智起来，并且知识战胜愚昧，但是这一时刻现在还没有到来。

仔细研究一下那些犯罪记录你就会发现在犯罪的人中，有一个人是拥有智慧或者知识的，就有一百个人是愚昧的。再看看各种醉酒以及浪费的统计记录,仍然是愚昧的人占多数。再看看穷困的记录,再次证明了这一观点——愚昧就是力量。

在这个国家引起焦虑的主要原因是由于愚昧所导致的社会压力与疾病。为了缓和这些焦虑，我们组成协会、组织社团、筹钱并且在委员会里付出辛劳。但对我们来说愚昧的力量实在是太强大了。当我们工作的时候我们几近陷入绝望，我们感到有太多的努力都白费了。我们好多次都打算沮丧地放弃，在邪恶的力量面前退缩。

“正确的话是多么强有力啊！”乔布喊道。更公正的话，他应该说：“错误的话是多么强有力啊！”对那些愚昧的人所说的错误的话要比正确的话更有影响力。这些错误的言论填充于错误的、带有偏见的以及空洞的头脑里，会对他们产生莫大的影响。正确的话通常对他们没有什么意义，就像这些话是一些已经消失的语言（死语言）一样。明智的人的思想触及不到民众，只是掠过他们的头顶。只有少数人才能领悟它们。

生理学家可能会讨论健康规则，卫生部可能印发在民众中发行的小册子，但是有一半的人可能都不会阅读这些小册子，剩下的一半当中的一小部分人会有思考的习惯。这样健康的规则不被理会。当热病侵袭的时候，就会发现有很多的事情需要处理：在没有排水设施的污秽的街道上和后院里——有害的、传染病流行的区域——污浊肮脏的居住区——大量居民的干净用水以及干净的空气供应不足，在当地瘟疫造成了丘陵沼泽地的毁坏，许多穷困的寡妇和孩子都不得不依靠贫民救济税度日。然后我们不情愿地对自己承认说愚昧就是力量。

减少愚昧的影响力的唯一方法就是增强知识的影响力。就如同当太阳高挂在天空的时候，黑暗就消失了，猫头鹰、蝙蝠以及猛兽都溜得无影踪了。用知识将人们武装起来，给予他们良好的教育，这样犯罪就会减少——酗酒、浪费、违法以及所有邪恶的力量在一定程度上会减少。

但是必须承认仅仅依靠教育是不够的。一个聪明的人也可能是一个聪明的恶棍，这样的人越聪明，他就会成为一个更聪明的恶棍。因此教育必须是基于信仰与道德的，因为教育本身并不能根除邪恶的倾向。精神文化对道德行为的影响非常大。你可以看到那些聪明的、有教养的文人不会做出浪费、没有远见、酗酒和邪恶的事情来。所以教育必须在信仰及道德的原则上进行。

人们的贫穷对他们的社会堕落也没有像通常想象的那么大的影响。这个问题归根结底是个道德问题。一个劳动大家庭的收入突然增加了一倍，他们的快乐也不是必然就能增加，因为快乐不是由金钱决定的。事实上，工资增加可能在最后被证明是一个祸根而非一种幸福。许多时候，增加的工资被用在喝酒上，通常情况下导致酒醉暴力而且可能导致犯罪的增加。

已故的克莱先生——普雷斯顿感化院的牧师，将醉酒比喻为“美妙的罪恶”。他说：“带着野蛮的敌意，它会起来反抗秩序和宗教信仰所支持的任何事情。它仍然阻碍着真理与和平进入穷人的家庭和心灵的通道。无论犯罪的主要原因是什么，有一点是清楚的，那就是愚昧。对宗教的愚昧无知是犯罪分子思想当中主要的成分。再结合上对酒的激情，给人们带来了极大的危害。”

已故的亚瑟·海帕斯先生，在谈及高工资和低工资以及挣钱和花钱的手段时，在其《委员会里的朋友》中就该问题发表了如下的评论：“我确信每年整个英格兰的工资足够使劳动人民的穷困状态得到完全改变，即使是目前这么低的工资水平也能做到这一点。但是，这些工资必须被合理地支出。我的意思并不是要穷人们自己完成这样的改变，但是他们可以接受他们以上阶层的建议、指导与资助（不是直接给钱，或者只是借钱来每天产生活期利息），其余的要靠穷人们自己完成。并且，确实，如果穷人们能够完全克制酗酒的恶习——

这个所有恶习当中最浪费的一个恶习——的话，在改变人生的过程中，穷人们所能做的要比富人们所能做的有用多了。

“在穷人们的生活当中（实际上是我们所有人的生活当中），应当考虑两件事情：如何挣钱以及如何花钱。现在，我相信，雇主们的经历将证实以下我所说的话是正确的。我们常常会发现，那些一周挣20先令的人不比那些一周挣14先令的人生活更舒适或者攒下的钱更多——尽管两个人的家庭人数与一般环境都是相同的。这样的情况是可能出现的，除非他很节俭和慎重，那个收入超过同阶层平均工资的人不知道如何处理他的高工资，在他的工资中可能会发现多于他的同事们的那部分成了满足他的饮酒嗜好的一种工具。”

虽然，我们上面所提到的情况是令人沮丧的，但是我们必须相信随着时间的推移，人们的情况会在教育——非宗教的、道德的以及宗教的教育下得到改善——考虑到节约、预先谋划以及父母的责任，他们可能被劝导更好地利用他们手中的财富。一位德国作家将小孩的教育比喻为一种资本，相当于一种储蓄——置于父母处置之下的储蓄。当小孩长成大人时，他们可能不会正确地利用他们所受到的教育，就如同他们不会正确地使用金钱一样，但是毫无疑问，他们应当拥有这两样东西。当然，教育的价值，如同金钱一样，主要在于其正确的运用。知识的一个优点在于获得的知识越多，越倾向于正确地运用它，而金钱的积累却并非如此。

教育，无论通过什么样的方式获得，它总是对人有利的。单就作为物质发展的一种工具来说它就是值得人们追求的，更不用说它可以完善人们的性格、提高人们的智力这些精神作用了。并且倘若真像莱昂·普莱弗尔所坚持认为的那样，不久之后工业国家间的竞争主要是智力的竞争，那么英格兰必须为其工业阶层的教育作出更好的准备，否则在国家工业化的进程中，它就会落在后面。

“这也可能对社会的和平和幸福没什么用处，”爱丁堡·布鲁斯特博士说，“假如物质世界的伟大真理要被局限在有教养的人和明智的人身上的话。科学体系被限定可能并不是一种福音。世俗知识、神学知识，人类身上的这两股知识的血流，必定不能只通过社会框架的大动脉来传递下去，在它能够滋养和净化社会之前，它必定已经充满了最微小的毛细血管。知识立刻成为我们精神上的食物与药物。在犯罪是剧毒的地方，知识就是解毒药。社会可能在瘟疫中免于消亡，能渡过饥荒；但是愚昧这个魔鬼，带着其邪恶与暴力的、残忍的助手，将纠缠她进入她最平和的生息地，破坏我们的制度，并且将社会与家庭生活的天堂转变为荒芜之地。因此国家要履行一项伟大的职责。它要惩罚犯罪，一定要阻止犯罪。它要使我们遵守法律，必须教导我们阅读法律，并且在教导我们的时候，必须也教导那些展现伟大法律制定者的力量和智慧的高贵真理，这样当教育面扩大的时候知识也得到了普及，并且这样使人们平静地、恭顺地遵守法律的同时可以使人们感到满足、愉快和谦卑。”

国民教育已经率先开始了。在整个王国内，为建立体制仍然需要做许多事情。目前，我们还无法判断所做事情的影响。但是，如果英格兰的普通教育能产生德国普通教育的相同的效果，那么这个国家的地位在未来20年内将得到大大的提高。教育几乎消除了德国的酗酒。如果英格兰没有酗酒、没有挥霍、没有鲁莽的浪费，那么我们的社会里，不幸的事情将会非常少见。

因此我们必须相信随着工人阶层中知识的普及以及更好的社会风气的带动，节制、节俭和节省的习惯将很快得以养成，这些形成了社会进步最坚实、最可靠的基础。就社会当中那些具有较前沿思想的人来说，他们看到工人们处在正确的位置的希望正不断增强。工人们为整个社会工作——他们在最聪明的人的指导下生产，创造的国民财富比他们设想的要多很多。当知识的氛围弥漫于工人阶层的周围，当他们证明自己可以像社会中的其他阶层一样文明、礼貌、独立时，我们相信他们的“大好时代来临了”。并且当迈向圆满的第一步——最有效的一步踏出时，我们建议他们开始准备——既为未来也为现在准备；趁年轻和精力充沛的时候为将来苦难、不幸以及年老的岁月作准备。

“如果任何一个人想改善他的境况，”已故的诺丁汉市长威廉·费尔金（他自己原先也是一名工人）说，“他必须尽可能多地赚钱，尽可能少地花钱，并且尽可能地将钱花在那些能给自己和家人带来真正享受的事情上。一个工人将其收入的一部分第一次节省下来就是迈出了第一步；并且第一步是迈向真正独立的最重要的一步。现在，尽管开始的时候贫穷，在勤劳与节约的情况下，工人的独立与商人一样是可行的，并且这就是一个大大的、珍贵的福音。同样的过程也是我们必须关注的，也就是说全部的支出应当保持在净收入以下，所有偶然的支出都必须仔细加以考虑并且作出准备，余额要谨慎地保存起来以备某些其他方面的支出，并且这些方面的事情仅指责任心和道德心认为重要的或者值得做的事情。这就要求有一个艰苦努力、严格节约、富有远见并且可能会存在一些剥夺的过程。但是这不过是所有可取的事物都共有的过程。鉴于我知道为了一点工资，用自己的双手，长期劳动的对象我所宣称的独立的收获或者更确切地说是自立的收获，价值无法估量，超过他所付出的全部成本；另外不同情况下，从多大程度上获得独立或自立，掌握在人数众多的在我们工厂上班的熟练工人的手里。”

第四章 节俭的榜样

榜样证实了成功的可能。

——科尔顿

自身优点的力量使他不断前进。

——莎士比亚

读者，请注意：无论你的灵魂
是异想天开地翱翔于极点之外，
还是胸无大志地在黑暗的地洞中搜寻，
记住：谨慎和自制是智慧的源泉。

——彭斯

家庭就如同国家，财富的最好来源是节俭。

——西塞罗

正确的行动是正确的信念的结果，但是一种坚定的、正确的信念在一次正确的行动中并不能得到证实、深化、延伸以及保留。

——麦克白

节俭是把秩序的原则运用于家庭的组织和管理。它的目标是勤俭地管理家庭的资源，防止浪费以及避免不必要的支出。节俭受理智与远见的影响，并且从来都不是偶然地、间歇地发生的。它尽最大限度地、最合理地利用每件事物。它不是为了节省而节省，而是为了他人的当前利益宁愿作出牺牲，或者为了未来的某些利益而自愿作出牺牲。

英奇博尔德夫人，《一个简单的故事》的作者，借助于节俭，可以用她微薄收入的一半供养她体弱的妹妹。每个人每周的支出大约需要2英镑。“许多时候，”她说，“在冬天当我因寒冷而哭泣的时候，我曾对自己说过：‘感谢上帝，我亲爱的妹妹不必离开她的房间，每天早晨她将会发现炉火已经为她准备好了，因为现在她比我忍受贫困的能力要弱得多。’”英奇博尔德夫人的家庭在大多数的时间里都是非常穷困的，并且她认为在家人遭受很多苦难的时候支持他们是应当的。这样的事情被誉为是善举：节俭从来不会毁灭任何人，而自私与浪费已经毁灭了成百上千的人。

“不浪费，不愁缺”，刻在阿伯兹福德的沃尔特·斯科特先生家厨房壁炉的石头上的这几个字揭示了丰裕之中秩序的奥秘。秩序是任何事物——家务管理、商务管理、工厂管理以及军队管理中最有用的法则。其行为准则就是：任何事物都有其特定的位置，任何事物都应当在其位置。秩序就是财富，因为不论是谁合理地安排了其收入的使用，就相当于使他的收入翻倍了。做事无秩序的人很少是富有的，而有秩序的人很少是贫穷的。

秩序是时间最好的管理者，没有合理地安排好工作，时间就会流失，并且，时间一旦失去就永远不再回来。秩序揭示了许多重要的道理，遵循道德与自然法则是秩序，尊重我们自己和我们的邻居是秩序，尊重所有人的权利和义务是秩序，美德也是秩序。这个世界始于秩序，而在秩序建立之前，世界处于一片混乱之中。

节俭是运用人类生活当中的秩序原则，它是个体经济中的主要动因。它使得许多家庭的欢乐得以保持。并且由于通常状况下是由妇女来安排一个家庭的秩序，因此社会的福利还主要依靠她们。所以这些妇女有必要在早期就接受教育——有关形成秩序的习惯和美德的教育。

贵族、商人、牧师、技工以及农业工人都有相同的本性，出生时都有相同的天性，并且受相似力量的影响。他们出生于不同的社会阶层这是事实，但是他们到底是过一种高尚的生活还是卑劣的生活，全取决于他们自己。也许他们不能选择是穷还是富，但是他们却可以选择是高尚的还是邪恶的——是有价值的还是无价值的。

处在最高阶层的人们，他们所忍受的文化和教育的缺乏程度与一般的工人一样严重。他们通常不得不将钱花在更多的地方，他们不得不维持一定的社会地位；他们不得不穿着考究，并且过着超过维持他们自身健康的高水准生活。尽管他们的收入可能还不及煤矿工人和钢铁工人的收入，为满足精神需要，他们要教育他们的子孙并且将他们培养成绅士，以使他们可以为社会承担一些工作。

十世布乔伯爵用其每年不到200英镑的收入抚养了许多家庭的孩

子，其中一个后来成为英格兰（上议院）的大法官。并非收入的多少而是合理地利用这些收入才是真正的男子汉的标志。并且从这方面来看，正确的判断力、高雅的品位以及良好的精神文化对于所有节俭的人来说是最重要的。

已故的艾通博士说他的父亲凭借相当于布乔伯爵一半的收入供养了他们一大家子人。以下的这些是其作品《职员经济学》前言中的献词，值得我们铭记于心："这部作品谨献于一位值得尊敬的父亲，他现在已经83岁的高龄了，以每年不超过100英镑的收入，供养了有12个孩子的大家庭，其中的4个儿子被培育成自由职业者，并且，他总是将最后的一分钱都花在孩子们的教育上，结果这些孩子全都上了大学。"

作者甚至还以自己为例来说明节俭的好处。他的母亲在11个孩子当中最小的那个才3周大的时候就成了寡妇。虽然需要偿还大量的债务，他的母亲勇敢地面对她遇到的困难并且坚韧不拔地克服它们。虽然她的收入低很多，但是她让孩子们受到了良好的教育，并且她虔诚地、善良地培育他们。她将她的儿子们引入了一条正道，倘若他们没有做正确的事情，那么这完全不是她的错，她已经问心无愧了。

休谟，这位历史学家，出身高贵，但是由于在家中排行较小，他的财富也很少。在他还是襁褓中的婴儿的时候他的父亲就去世了，他由母亲带大，他的母亲将全部的心血都投入到孩子们的养育和教育上。23岁的时候，年轻的休谟到法国学习。"在那里，"在他的自传中，他说，"我制订了我后来坚定地、成功地执行的人生计划。我下定决心要严格节俭以弥补我财富的不足，坚持不削弱我的独立性并且将除了有助于提高我文学素养的其他科目都视为是可鄙的。"他出版的第一本书完全失败了，但是他不气馁，继续编辑出版，这一次获得了成功。但是他并没有因此而挣到钱。他成为驻维也纳和都灵的军方大使的秘书，并且在他36岁的时候，他认为他自己富有了。这是他自己的话："我的职务加上我的节俭，已经使我的财富可以到达我称之为自立的程度了，尽管在我说这话的时候，大多数我的朋友都会笑我。简而言之，我现在是近1000英镑的主人了。"人们都知道1000英镑，年息5%的话，意味着每年50英镑，休谟认为他的独立是因为那笔钱。他的一个朋友亚当·史密斯曾这样说道："即使在他最穷困的时候，他那伟大的、必要的节俭都不曾使他缺席过任何应当出席的场合，不曾妨碍他慈善与慷慨的行为。他的节俭并非基于贪婪而是基于对独立的热爱。"

有关节俭的最有名的例子当属牧师罗伯特·沃克了，在他所居住的坎伯兰郡，当地人仍然称呼他为奇妙的罗伯特·沃克。18世纪的繁盛时期，他是里斯韦特的教区牧师。在他任职助理牧师的时期(1735年)，他的年收入只有5英镑。他的夫人带给他的财富是40英镑。仅依靠他每年5英镑的收入，和他夫人的财产利息以及他作为牧师的收入生活下去是可能的吗？是的，他做到了，尽管生活朴素，但是他攒下的钱可以为家人所用。由于他的勤劳、节俭以及克制，他获得了一切。

首先，谈谈他的勤劳。他所做的工作完全与他的副牧师身份相关。他将安息日视为一个神圣的日子。在做完早晚礼拜后，他将晚上的时间花在阅读经文和做家庭祈祷上。在周末的时间里，他不收费用，但是收取人们愿意给他的东西，教导教区的孩子们。教区的教堂就是他的学校，当孩子们在他的身旁重复着他们所学到的东西的时候，他就像申斯通学校的女教师一样在一旁纺毛线。他有在山上放牧一些羊和牛的权利，但需要他本人来放牧。身处牧师的职位，他参加了一些农业劳动，因为除了他自己的教会用地外，他又租种了两三英亩的土地，同时他还拥有一个花园——这个花园的所有一切也全靠他来打理。家里所用的燃料——泥煤也是他从附近的沼泽地亲自弄回来的。他还帮助他的教民们割晒干草、修剪羊毛，并且他修剪羊毛的技术相当高超。反过来，邻居们会给他干草堆或者一些剪下的羊毛来感谢他所提供的帮助。

在里斯韦特做教区牧师大约20年之后，沃克的年收入增长为17英镑10先令。他的品行也广为人知并且受到高度的赞扬，卡莱尔主教任命他兼任阿尔法的教区牧师，但是他拒绝了，理由是，兼任"有可能导致两地居民的普遍不满，因为他们会认为自己可能不受重视了，我只能轮流提供服务或者在职责上会产生疏忽，或者人们会将这样的兼任归罪于我的贪欲，所有这些可能产生抱怨的事情都是我希望避免的"。然而，这个时候，沃克先生已经有8个孩子了。后来他也接受了神职，他供养他的一个儿子上了都柏林的三一学院。

当然，这位教区牧师也是一个非常节省的人。他的一生当中从来都没有过一点儿的可耻和贪婪的行为。另一方面，他一生的行为展现了最伟大的公正和慷慨。对于奢侈的东西，他所知甚少，并且，他从不在意这些。家里只在有客人来访的时候，才准备茶叶。家人喝牛奶，已经算很奢侈了。除了牛奶，家里唯一喝的就是从山泉里打来的清水了。家人穿的衣服是美丽大方的，但这些衣服全都是自制的：像他们的饮食一样，他们的衣服也是简单的。偶尔在年底的时候会杀掉一只山地绵羊以备食用，会杀掉一头牛并腌制起来以备冬天食用。这些牲畜的皮被晒黑，用以制作家人穿的鞋子。通过这样或者那样的方式，这位可敬的牧师供养了他的一大家子人，不仅仅是维持他们的生活，正如他那动情的说法："获得生活当中的必需品"，而且提供给了他们"充分的教育，以及在社会中提升自己的方法"。

许多人，为了在世上提高自己、在社会上提升自己，"嘲笑享乐，并且过着艰苦的日子”。为了获得更大的成功，他们过着谦恭、节俭的生活。他们在能靠自己的脑力劳动养活自己之前都靠自己的双手来养活自己。一些人可能宣称这是不公平的，认为这是一种违反无产者提升自己努力的罪过，并认为“一旦成了补鞋匠，就永远是补鞋匠”。通常，在一种更好的体制建立之前，个人的自我努力是获得科学和知识，这是让世界不断发展的唯一方法。

歌德说：“一个诚实的人如果只知道如何理解他所生活的圈子，如何在其中生活的话，那是毫无意义的。”他又说：“无论在什么样的社会里，一个诚实的、有魄力的人都能够使他所生存的社会成为他成功的一条途径并且使他的行动发挥益处。”“什么样的政府是最好的政府？”他问道，“是能够教导我们自己管理好自己的政府。”根据他的观点，我们所需要的全部是个人的自由和自我修养。“让每个人，”他说，“只做他所处位置上正确的事情，而不要让世界的混乱困扰自己。”

无论如何不能靠空想社会主义而要靠个人的力量做事情，才能朝着获得知识和社会进步的方向迈进。正是许多个人的意志与决心推动了这个世界在艺术、科学以及所有文明的工具与方法等方面的不断前进。

个人愿意克制自己，但是联合的社团却不会如此。民众太自私，并且害怕要求他们作出牺牲、害怕他们自己被利用。因此，在那些具有坚定信念的高贵的人当中我们找寻那些推动世界前进以及提高他们自身的人。对他们所作所为的回想是对别人的一种激励。它振奋人的精神、坚定人的意志并且鼓舞人更加努力。

埃尔科勋爵在东洛锡安的煤矿发表演说时，他点了几个摆脱煤坑、提升了自己地位的人的名字。首先，他提到了斯塔福德的麦克唐纳先生，“我刚认识麦克唐纳先生的时候，”他说，“当时，我被告知在下议员的大厅里有一名矿工想见我。我出去看见了麦克唐纳先生，他递给我一份他们地区的请愿书，要我呈交给议会。我与他交谈起来，并且为他的智慧所深深打动。他告诉我他还是小男孩的时候就已经在拉纳克郡的矿坑中生活了，年轻的时候夏天所攒下来的钱冬天就用于在格拉斯哥大学求学了，并且，在那里他学到了许多书本知识，获得了写作能力。以上我所说的这个例子是给苏格兰的煤矿工人带来荣誉的一个例子。另外的一个例子是关于霍格博士的，他刚开始的时候是一名矿工。早晨出去工作，下午上学。后来他去大学深造了4年，又到神学院学习了5年，再后来由于身体原因，他去了国外。现在他是埃及上流社会的一名传教士。再来看看北达勒姆的艾略特先生（现名乔治）的例子。他因为对矿工的工作有实际的了解曾为他们进行辩护。他起先也是一名矿工，并且一直工作到他雇用了成千上万人为他工作为止。他从最卑微的地位开始，拥有了巨额的财富和很高的社会地位。现在在座的听我演讲的人，倘若愿意做节俭、勤劳的人的话，都可以或多或少地做到与他们一样。”

埃尔科勋爵应当也提到了赫顿博士，一位神学家，一位具有很高职务的天才，他是一名矿工的儿子。比尤伊克，第一位木刻家，据说也是一位矿工的儿子。坎贝尔博士也是出身于矿工家庭，他是在南非贝川那人中进行传教的莫法特和利文斯敦的先驱；诗人艾伦·拉姆齐也是出身矿工家庭。

乔治·史蒂文森经过不懈的努力从一名矿工转变为具有最高社会地位的工程师。乔治生来勤奋，当他积攒了一些钱后，他就将这些钱用在了学习上。当他的工资涨到每周12先令的时候，他是多么快乐啊！在那一刻，他宣布自己是“一个生活成功的人”。他用自己的收入不仅仅维持了自己的生活，而且可以帮助贫穷的父母并且支付自己受教育的费用。当他的技能不断得到提高时，他的工资也增加为每周1英镑，如同那些富有远见、富有智慧的人一样，他立刻将收入多余的部分储存了起来，并且当他储蓄了他的第一个几尼的时候，他自豪地对他的一个同事说他“现在是一个富有的人了”。

他说的没错。对于那些满足了自身需求后仍能有所节余的人来说，他们就不再是贫穷的了。从史蒂文森不再往后看的那一天起，他不断自我改善的进步就像阳光一样稳定不变。具有丰富人生经验的人确实会说他们从来都没有在工作的人当中见到过这样的一个人。

当史蒂文森打算安装他的第一部机车的时候，他没有足够的钱来支付这笔费用。但是其作为工人期间的品行，为他树立了良好的声誉。他是值得信赖的、忠贞的、可以依靠的。因此，当莱文斯沃斯伯爵被告知史蒂文森有要安装机车的打算时，他立刻提供给他实现愿望所需要的费用。

还有瓦特，在他发明压缩蒸汽机的时候，他坚持自己动手制造和出售数学仪器。他制作凹槽、元件、圆规等任何能让他维持生活的东西，直到他完成了他的发明。同时，他学习法语、德语、数学以及自然哲学等来完善自己，这样的生活一直持续了很多年。到瓦特改进了他的蒸汽机并且发现了马修·巴顿的时候，他已经通过自己的努力成为一个富有成就的科学人了。

这些伟大的工人并没有因以自己的双手劳动维持生计而感到可耻，而且他们在自身的能力范围之内从事着体力劳动和脑力劳动。在从事体力劳动的同时，他们继续着他们的发明，这些发明的完成已经被证明对世界带来了巨大的好处。赫富·米勒一生，为他所大加推崇的人生事务的实际常识树立了光辉的榜样。当他创作诗歌、不断提高其写作能力的时候，他还坚持着他作为石匠的工作。

霍勒斯·沃波尔曾经说过卡罗琳女王的赞助人斯蒂芬公爵——一位入门诗人，毁了20个人，这些人全都因他改变了自己的职业转而写诗。他们却不像赫富·米勒那样很早就获得了成功。“工人转而从事文学创作这样的错误，”他说，“与认为自己很出色，从事卑贱的工作太亏了所犯的错误一样的致命，并且同样致命的是这样的错误还是很常见的。我曾经看到过几个严重受到摧残的机械工，他们相信自己是诗人，并且将他们赖以维持生计的体力劳动的职业视为是与他们的能力不相称的，结果这些人的生活比机械工也好不到哪里去——认为自己太出色以至于不能为他们的面包而工作，而不是太出色以至于不去乞讨；并且，将这些人当作警示的信号，在上帝的帮助下，我决定我应当远离他们所犯的错误，并且永不将卑鄙的念头与真诚的召唤联系起来，或者认为自己太出色以至于要依靠他人生活。”

与此同时，那些认为自己有一些好的作品（通过学习和辛劳而获得）的人却认为克制自己是完全应当的，并且他们将自己的精力投入在其精神文化方面。令人惊奇的正是他们的仔细、节俭、博览群书以及勤奋，帮助他们不断前进。

作者在童年时代就认识三个在农业工具制作店工作的人。他们用木头或者铁制作手推车、犁、耙、钻机等物品。有时候，他们的脑海里会闪现出他们应当做比制造手推车和耙子更好的工作的念头。他们并不是轻视他们所从事的体力劳动，而是希望利用这样的方式朝着更好的方向迈进。当时他们的工资每周不超过10～20先令。

有两个年轻人，他们从事着同样的工作，尽力攒下足够的钱在冬天去大学求学。每个学期结束之际，他们就返回去从事他们的体力劳动，继续挣下足够的钱等冬天可以重返学校学习。

第三个年轻人并没有这样做。他参加了他所在镇上新办的一个机械工讲习会。通过听讲座以及阅读图书馆的书籍，他获得了一些化学知识、机械原理的知识以及自然哲学的知识。他严格把握自己，在晚上努力学习，最终成为一名富有成就的人。

没有必要追溯他们的历史，但是可以谈谈他们最终的结果如何。前两个人中，一个成为一家大型公立学校的教师与管理者；另外一个成为一位有名的教派牧师。而第三个人，通过自己全力以赴、不懈的努力，成为世界上最大的汽轮公司的总工程师兼总经理。

尽管机械工讲习会是古老的组织，但是却很少能得到工人们的支持。济贫院才是更有吸引力、工人们常去的地方。然而，即使在约克郡与兰开夏郡的南部，技工讲习会仍鲜为人知，但是它却给当地带来了许多好处。一少部分人学习了机械知识，并且利用这些知识，将自己提升到具有很大社会影响力的地位。我们曾经听到过一位杰出人士在公开场合谈论机械工讲习会对他的影响，他说要不是他有机会在讲习会里学到各种知识，他的职位可能会完全不同。简而言之，机械工讲习会使得他从一个合格的食品供应者变成了一名工程师。

上面我们谈论了处在卑微地位的人们在成功之前，依靠他们的手艺来维持生计的明智的行为。赫歇尔通过音乐来供养自己，同时从事着天文发现的活动。当在巴斯的泵舱里吹双簧管的时候，当舞者在房间里闲荡的时候，他就抽空出去并且通过他的望远镜瞥一眼天空，然后平静地返回到他的乐器旁。正是在他以音乐谋生的时候发现了天王星。当英国皇家学会确认他的发现时，这位双簧管演奏家突然发现自己一夜成名了。

富兰克林长期以画画维持生计。他是一个工作非常努力的人——节约、简朴、非常珍惜时间。他工作时对名声的重视程度不亚于对工资的重视程度。当人们发现他可以信赖的时候，他的生活从此变得一帆风顺了。最终他被视为是一位伟大的政治家，同时也是他那个时代的科学巨匠之一。

天文学家费格森，在其科学人的身份被认可之前，以为人画像为生。约翰·多伦德是斯皮塔佛德的一名丝织工。在不断的钻研中，他对折射望远镜做了很大的改进。他所发明的消色差望远镜，使他跻身于那个时代的大科学家之列。但是在他生命的大部分时间里，在他做实验之前，他仍然坚持着他最初的丝织工的工作，一直到他46岁，他才全身心地投入到了望远镜的制造中，放弃了丝织工的工作。

温克尔曼，杰出的古典风情与古典美术作家，是一名鞋匠的儿子。他的父亲尽其所能地为他提供良好的教育，但是由于疾病和年老的原因，他不得不住院。温克尔曼和他的父亲曾经在夜晚到街道上卖唱来筹集他上文法学校的费用。年幼的温克尔曼通过自己的辛苦劳动，帮助他的父亲，后来，他通过在大学教学留在了那里。每个人都知道他最后变得是多么出色。

塞缪尔·理查德森，在进行小说创作的同时，坚持卖书的工作。他在前台卖书，在后台进行创作。他不想放弃作者的身份，因为他热爱他的独立。“你知道，”他对朋友迪法瑞尔说，“我是多么的忙碌，你不知道我写小说的时间都是怎么样挤出来的，我不可以浪费这宝贵的时间。我要保持我的独立性，那是我生命的真谛。我从来没有为自己寻求过赞助人，我自己的勤奋再加上上帝的保佑是我信赖的全部。只有那些好的东西对我来说才是伟大的。这是普通人乐于享受的光荣的特权，而且我还可以偶尔（尽管不是冷静地）告诉这个世界我的想法，希望能对改变这个世界尽自己的一份绵薄之力。”

已故的俄林托斯·格里高利博士，在达普特福德机械工讲习会的一周年纪念日发表演说时，抓住时机提到了各种各样处在卑微环境下的人（其中的一些人是他曾经帮助过的）。这些人凭借着自身的活力、勤奋和自制，在获取知识方面获得了巨大的成功。他讲述了一个在收费公路上工作的工人成了一名非常有才华的希腊语学者；一名吹横笛的人和一名民兵团里的士兵，两人都通过自学，一个成了一名成功的校长，而另一个成了一名有关自然哲学的演说家；一名游走的镀锡工人，发明了三次曲线方程的解题法则；一名乡村教堂司事，成了一名音乐教师，并且由于对音乐知识研究的热爱，从一个酗酒的酒鬼转变为一名模范的丈夫和父亲；一名炭工（格里高利博士的一名通信员）变成了在高等数学方面的一位有才华的作家；一名通信员，一名银匠，对理论数学的课程也有相当的了解，在都柏林的剑桥以及军事院校教学；一名裁缝，是一名非常出色的几何学家，曾经发现了牛顿不曾注意的曲线，并且他勤奋钻研，在60岁高龄的时候才取得了满意的成果，当时，在他的学术朋友的推荐下，他被任命为港务局的航海审查员；兰开夏郡的一名农夫，在没有他人及书本知识帮助的情况下，发现了地球的自转、球面天文学的原则并且发现了相似于宇宙系统的一个行星系统；一个乡村的鞋匠，成为英国一名最有才华的抽象派作家，在他50多岁的时候，由于他的才华和贡献，他离开家乡到了伦敦，在那里，他致力于编辑许多有用的出版物和分享人类社会的最大利益的书籍以传播知识。

从事艺术创作的人不得不在许多方面都践行自制。昆丁·马西斯爱上了一位画家的女儿，希望赢得她的芳心。尽管他只是一个铁匠、兽医，但他勤奋地学习艺术，并且获得了如此多的荣誉以至于这位姑娘后来接受了他这位画家，而之前，她曾经因他是一名铁匠而拒绝了他。弗拉克斯曼在没有赢得任何作为艺术家的声誉之前就与他的妻子结婚了。他当时只能称得上是一个熟练的、有前途的学生。当约书亚·雷诺兹听到他结婚的消息时，惊叫道："弗拉克斯曼被毁了，他成不了艺术家了。"但结果却不是这样。当弗拉克斯曼的妻子听到这样的评论时，说："让我们开始工作并且节约吧，我是永远不会让别人说是我安·登哈姆毁了弗拉克斯曼，使他成不了艺术家的。"从此他们开始过节俭的生活。为了挣钱，弗拉克斯曼承担收取地方税的工作，并且要兼顾艺术和工作。在经过5年的节约生活之后，这对坚韧、努力、节俭的夫妻一起出发去罗马了。在那里，弗拉克斯曼边学习边工作，丰富了艺术方面的知识，并且在那里赢得了“英国第一雕塑家”的美誉。

更多的艺术家都出身寒微。倘若他们生于富裕家庭的话，他们可能永远都成不了艺术家了。他们不得不从一个职位变换到另一个职位，并且通过克服困难来增强他们的生命力。贺加斯最先是在银铺当学徒，威廉姆·夏普是雕刻门板。塔斯，一位雕刻家也是一名奖章设计者，最先只是一名石匠，偶然看了一次字画收藏后，渴望成为一名艺术家，并且进了一家学院学习绘画的知识。他一直从事着他的旧职业，直到他的新职业能维持他的生计为止。在其更为讲究、更为高雅的职业上，他将自己的劳动视为培养他技艺的手段。

谢菲尔德的钱特里，在时间和金钱方面都是很节约的。他从自己作为雕刻工人和镀金工人的收入中积攒了50英镑付给他的雇主并中止了他们的契约。然后他去了伦敦找到了一份游走雕刻的职业。接着他向画像和模特半身塑像领域进军，最终成为一流的雕刻家。

如同他的父亲和祖父一样，卡诺瓦是一名石匠，通过雕琢石头的工作，他成了一名雕刻师。在离开采石场后，他去了威尼斯，为一名艺术家服务，从这位艺术家那里他只要一点点报酬。“我工作，”他说，“只要微薄的报酬，但这已经足够了。这是我自己的决定，并且我自己认为这是更荣耀奖励的前奏，我从来不想什么物质财富。”他从事绘画、模型、语言、诗歌、历史、文物以及希腊和罗马古典文学的研究。在他的才能被人们认可之前，很长的时间已经流逝了，最终他突然成了一个名人。

英国雕刻家，洛夫，是自制与努力工作的又一个例子。在孩提时代，他就喜爱绘画。在学校里，他画马、狗、牛以及人物与同学交换别针，那是他的第一笔收入并且他回家时常常是上衣袖子上别满了别针。他和他的弟弟用泥土捏人物。他们是如此的高兴以至于捏出了成百上千个小人—— 一部分人扮希腊人，另一部分人扮特洛伊人。一伙古怪的长臂猿在竞技场里战斗。当家人上床休息后，兄弟俩捏出了一个竞技场的塑像，在里面塞满了正在战斗的角斗士。兄弟俩长大后，被派去从事他们惯常的户外劳动，犁地、做一般的农活，但是他们在闲暇的时间里仍然坚持着他们的塑像的制作。圣诞节期间，洛夫是非常抢手的。每个人都想让他为圣诞派的点心塑像——特别是邻近的农民。“这是重要的练习。”他后来说道。

最后洛夫离开了纽卡斯尔向伦敦进发，向艺术的殿堂迈进。他得到了一张运煤船的船票，他认识这艘船的船长。当他到达伦敦的时候，运煤船在泰晤士河上航行，他在运煤船的甲板上睡觉。运煤船的人都非常喜欢他，他们都希望他能够返回去。在陌生的伦敦他没有朋友、没有资助人、没有钱，他如何应对这些？但是，他已经走到了这一步，他决定继续下去。他对自己说决不能返回去，决不。当他跟运煤船的人告别的时候，他们都哭了。他一个人留在了伦敦，独自伫立在圣保罗教堂前。

接下来他在贝蕾大街的一个昏暗的房间里寄宿了下来，房间在一家蔬菜水果店的上面，并且在那里他开始创作“米罗”大雕像。他不得不掀开房顶以使米罗的头伸出来。在那里，海顿发现了他并且很赏识他的才华。他说：“我向年轻的洛夫走过去，这位雕塑家，刚刚崭露头角就产生了巨大的影响。从各方面来看，在现代雕塑史上，他的‘米罗’是最不同寻常的一个。它是天赋作用的又一个证明。”洛夫在做他“米罗”雕塑的3个月时间里都没有吃过肉。并且当彼得·古耶尔看见他的时候，他正在撕碎他的衬衫给他的雕像做湿抹布以保持黏土润湿；整个冬天他只用一个半蒲式耳的炭，并且他常常躺在那些不朽雕塑的黏土模型旁边，由于这些雕塑是潮湿的，他在入睡之前常常被冻得要颤抖好几个小时。这些都说明了他当时肯定是非常穷困的。

钱特里曾经对海顿说："当我挣了足够的钱时，我要全身心投入到高雅艺术中去。"但是，塑像却花掉了他的全部时间。人们花重金买他的塑像，他也从来没有将自己的职业提升到不为赚钱的高度。在布赖顿，当海顿又一次碰见钱特里的时候，对他说："这儿有一个从乡下来到伦敦的年轻人，他恰好正在做你长期以来梦想做的事情。"

"米罗"的展出获得了巨大的成功。威灵顿公爵亲自去观看，并且定做了一个。马修·怀特·瑞德里先生为年轻的洛夫的才华深深打动，成为他最大的赞助人。洛夫决心为自己开辟一条新的道路。他认为泛神论的希腊神话取材已经用到了头，异教徒的神像也已经太多了。洛夫开始研究抒情类的雕塑。但是仅用雕塑来讲述一个人物背后的所有故事是不容易的，它就像突然闪现出的念头。"真正的艺术家，"他说，"必须踏踏实实地根植于大地，并且用自己的画笔描画天空。我的意思是，"他又补充说，"灵魂必须与肉体融合在一起，理想与现实、天与地必须互相交融。"

过多描述洛夫作为雕塑家的成功是没有必要的。他的雕塑"忧伤者"世界闻名。他将莎士比亚和米尔顿笔下的人物做成了雕塑。他的"小妖精帕克"、"泰坦尼亚"以及其他的伟大作品广为人知，并且他们的精神为世人所敬佩。但是应该指出的是他的有名的雕塑"米罗"直到1862年才用青铜铸造，因为当时要在国际展览会上进行展出。

德比伯爵，近来在利物浦学院为一些成功的学生颁奖时说："大多数人，不论什么年龄，处在哪个国家，在他们能吃饭之前必须首先工作。甚至是那些并非迫于需要的人，在英国通常会由于榜样、风俗，也可能是一种适合他们的意识的驱使，会采取一些被称之为积极地追求的形式。如果有一件事情比其他事情更为确定的话，那就是社会的每个成员都有义务为社会做一些事情来作为他从社会当中索取的东西的回报，而且除了身体或精神的缺陷外，任何人不能以智力教育、财富的占有或者其他的任何托词为借口逃避这明确的个人义务。尽管在这样的社会里，这样的观点可能被视为是异端的，但是我会说，在我看来，在当今时代，所有阶层的人都容易将我们自身看作我们称之为'连续运作'的机器，忽略了通过职业并不能开发人们身上的许多才能、不能满足许多的欲望。在此我并非全然反对积极地投身于自己的事业。但是我认识的一位非常英明、非常有教养的绅士不到50岁就退休了，而他的职位可以为他带来很高的收入。他说因为他和家人已经得到了他们想要的一切，并且他不知道为什么他还要牺牲自己的余生来赚钱。一些人认为他是愚蠢的，但我并不这么想，并且我相信我所提及的这位绅士永远不会为他的决定而后悔。"

德比伯爵所提及的这位绅士是内史密斯先生——蒸汽锤的发明者。由于他本人已经同意将自己的生平经历出版，所以已经没有必要再隐藏他的名字了。他的一生为我们所要论述的主题提供了一个最好的范例。当他还是一个孩子的时候，他就是聪明、积极、开朗的。在某种程度上，他从他父亲身上继承了机械工的天赋，他的父亲是一位出色的画家，同时也是一位十足的机械工。在他父亲的工作室里，他第一次看到了机械工的工具。他与冶炉工的儿子成为伙伴而且他经常去冶炉工的工作间观看浇铸、熔铁、铸件、锻造、制模以及老内史密斯先生正在做的工作。

"回想起周六在这家小铸造工厂的车间里度过的那些时光，这实际上是我仅有的学徒时期。"内史密斯先生说，"我不相信通过阅读可以来了解这些东西。在可能的时候，我观察他们的动作，并且搬运东西、做一些辅助性工作。与之相关的所有的观念，此后一直在我的脑海里深深扎根。”

随着时间的推移，小内史密斯，使用父亲的工具，可以为自己做些小东西了。他制作打火匣上用的钢条卖给他的校友。他做通俗演讲和学校教学中所使用的模型蒸汽机以及截面模型，通过销售这样的模型，他积攒了足够的钱可以使他听自然哲学讲座以及爱丁堡大学的化学方面的讲座。当时他的工作之一就是制作普通公路上行驶的蒸汽马车的工作模型，这些模型运行如此良好以至于他扩大了制作规模。在这些模型成功使用之后，他卖出了在小型工厂驱动的引擎。

内史密斯到了20岁的时候，希望能运用自己的实际才能。他的目标是能在当时的一家大型工程公司找到工作。他心目中的首选目标是伦敦的亨利·马兹雷的公司。为达到他的目标，他制作了一件小蒸汽机，每个部分都是他亲自完成的，包括铸件、浇铸等。他向伦敦进发了，向那位大工程师毛遂自荐，呈上了他的图纸，展示了他的模型，并且最终成为马兹雷先生的私人工人。

接下来就是工资的问题。当内史密斯离开家人开始独自闯荡世界的时候，他就决心不再多花父亲的一分钱。作为11个孩子当中最小的一个，他认为自己可以养活自己，不需要再依靠家里了，并且他完全做到了这一点。他感觉足够养活别的工人的工资肯定也足够养活自己。他必定是要自控、自制的，但肯定他能够做到。虽然仅是个年轻人，但是他非常聪明，非常自爱，能够克制自己不去做那些不必要的事情，从而来维持他有价值的生活。

关于工资的事情。当马兹雷先生跟他的现金出纳科长谈及年轻的工人的工资时，给内史密斯定的工资是每周10先令。他知道节省着花钱，他能够用这些钱维持自己的生活。他设计了一款小型的厨具，他已经有了图纸。没有必要描述它煮饭的方法，或者他生活的方式，只要说一下他的小型厨具（他非常引以为豪的）使他完全实现了自己的目标就已经足够。他自己赚钱养活自己，没有再花父亲的一分钱。

第二年他的工资增加到每周15先令，他开始存钱。他并没有把攒下来的钱存到银行，而是用攒下的钱制作他日后开创事业要使用的工具。第三年他的工资又增加了，当然是因为工作出色的原因。"我不知道，"他曾经说道，"未来是否还有这样的日子能像我在马兹雷工厂生活的这段时期充满生存的快乐。对像我这样的人来说那是一段光辉的岁月——对所有与机械工有关的东西我都如此热心，研究人也研究机械。我希望许多年轻人也能像当时的我一样，我确信他们得到的回报是不断提高、日日进步以及真正独立的感觉。这对那些真心实意想在人生当中取得进步成为好人的人来说是很有魔力的。"

在马兹雷工作了3年之后，内史密斯先生返回到了爱丁堡，建造一款适于独立开创自己生意的小型工程工具。为了多攒些钱并且制作他的小型工程工具，他租了一个工作间，做各种工程工具，这花了他2年的时间。1834年，他将所有制作的工具以及其他机械制品都搬到了曼彻斯特，在那里他开业了，规模非常小，但是发展如此快以至于他被劝导将生意转移到位于帕敕克罗夫特的布里奇沃特运河河岸的一块精选的地皮上，在那里开创了——第一次在木棚屋里——现在著名的布里奇沃特铸造厂。

"在那里，"他说，"我一直开心地工作到1856年12月31日才退休，开始闲下来享受许多焦急和有意义的日子的成果，过没有焦虑的日子。在那里，在上帝的保佑下，将我生命中最好的年华都用在了我引以为豪的事业上了。并且我相信，并非过度地浮夸，我因一些有用的发明而给世人留下了印象，这些发明可能与当时的机械工作有很大的关系。很少有机车与汽船不用我的汽锤的,如果没有汽锤的话，安式炮、惠式枪以及包铁的‘战争之人’也不大可能存在了。”

尽管内史密斯58岁的时候从他的生意上退休了，但是他并没有闲着。他仍然是个最忙碌的人，只不过忙碌的方向完全不同了而已。不是局限在地球上的事情了，而是将目光瞄准了星际。通过自制的望远镜，他观测太阳的运行，并且发现了它的“柳叶”，他观察月亮并拍照，通过他出版的专著，我们完全了解了月亮的地理状况。他也是一位十足的艺术家，他花了相当一部分时间画画，尽管他很谦虚没有展出他的作品。我们最后一次参观他汉姆菲尔德美丽的家时，他正忙着擦他的一架新望远镜的玻璃，而动力来自他外屋树立的一架风车。

再来听听他的另一番话。“如果，”他说，“把我积极、成功的一生所有的经历总结为一句话，并留给年轻人作为法则或者任何情况下成功的特定保证的话，那么这句话应当是：‘责任第一，享乐第二。’从年轻人身上以及他们后续的经历来看，我认为那些通常称为‘厄运’‘不幸’‘倒霉’等，十之八九都仅仅是没有遵守上述的信条而是反着行事的结果。我的这些经历已经证明了大多数的失败都是由于缺乏自制和缺乏常识导致的。在我看来最糟糕的信条莫过于‘享乐第一，工作和责任第二’了。”

第五章

节俭的方法

将《罗马书》称为勇气和美德是寓意深刻的。实际上，如果不能战胜自己，就不能在严格意义上称之为美德，并且不花费我们什么的东西是没有任何价值的。

——德·麦斯彻

与低等动物相比，人类拥有的所有的长处几乎都来自于许多人的共同努力来完成单个人的努力完成不了的事情时所体现出来的力量。

——穆勒

未来，我们主要的安全感来自财富更广泛的分布，拥有财产的人将会变得保守，并且消除那些鲁莽、轻率的阴谋……因此，我们很相信农村人口变成所有者、城市人口变成资本家。

——W.R.格雷格

节省的方法非常简单。花的要比挣的少，这是第一条准则。应该留出一部分钱来以备将来使用。花的比挣的还多的人是愚蠢的。民法上将挥金如土的人视为类似于疯子的人，并且通常认为他们不能管理自身的事务。

第二条准则就是付现款，无论如何都不要举债。举债的人容易上当受骗，并且假如举债到一定程度，他自己会容易变得不诚实。“以自己所拥有的钱来支付的人，会使自己富足。”

下一条准则是在没有十足把握之前不要增加花费来预支不确定的收益。你可能永远都得不到这些收益而且还有可能负债累累，永远摆脱不了。它就像《辛巴达》里的老头一样坐在你的肩膀上。

节约的另一个方法就是对你所挣的全部和所花的全部做一个日常记录。一个有条理的人预先清楚他需要什么东西，并且把这部分钱预留了出来。这样就会使他的家庭预算保持平衡，并且他的开支不会超出他的收入。

约翰·威斯里通常采用这种方法。尽管他的收入并不多，他总是关注自己的收支状况。在他去世前一年，他用一只颤抖的手在他的支出日记中写道：“86年来，我精确地做了记录。我不在意是否还能继续这样做了，因为我有效地使用了我所获得的一切，给予了我所能给予的一切——也就是说，我所拥有的一切。”

除了这种节约的方法，男主人或者女主人总是有必要关注务必不要遗失什么东西，每件事物都应当被正确地使用并且放在正确的地方，所有的事情都应当被适当地、有条理地完成。即使是身处最高阶层的人对他们自身的事情感兴趣也并非可耻的。对于那些中等收入的人来说，关注每件事物，是做出正确行为的必要前提。

对什么是节约很难设置一个精确的限度。培根说如果一个人能依靠自己的收入生活得很好的话，那么他的花费就不应当超过收入的二分之一，并且应当将其余的储蓄起来。也许这太苛刻了，培根自己都没有做到这一点。收入的多大比例应当用于支付租金？这要视情况而定。在乡村大约是十分之一，在伦敦大约是六分之一。总之，无论如何，储蓄过多总比花费过多要好。一个人可能对第一次的亏损做出补救，但是后续亏损的补救就不是那么容易的了。对于那些人口较多的大家族来说，节省和积攒下来的钱越多越好。

节约对于那些适度富裕的人和相对贫穷的人来说是同样必要的。没有节约，人就不可能是慷慨的。他不能参与社会上的慈善事业。如果他将所挣的全都花掉，他就不能帮助任何人。他不能合理地教育子女，不能将他们公平地置于人生之路的起点。培根的例子也证明了即使是最有才华的人也不能不顾后果地忽视节俭的作用。但是成千上万的人都见证了即使是才华最普通的人也可以成功地践行这种美德——节俭。

尽管英国人属于勤奋、努力以及普遍自信的民族，相信他们自己、相信通过自己的努力在世界上生存与发展，然而他们也易于忽视和忽略一些提高他们地位和保证他们的社会福利的最好的实践方式。他们没有被充分地教育要有节制、节俭以及有远见。他们为当前而活，对于将要到来的日子太过于忽视了。那些身为丈夫或者父母的人通常认为如果他们为现在作了准备而不考虑将来就已经是尽他们的义务。尽管他们是勤劳的，但是他们是没有远见的；尽管他们挣钱，但是他们是挥霍的。在谨慎节约的美德方面他们做的是不够的。

但是，各个阶层的人很少能考虑到这些。他们的花销容易超过他们的收入——他们不计后果地做着这样的事情。上层人士生活太过于炫耀，他们必须保持他们的“社会地位”；他们必须住好房子、骑好马、坐好车；他们必须吃好饭，喝浓酒；他们夫人的装束必须昂贵又艳丽。如此这般，在破碎的心灵、破灭的希望、破损的抱负之上过着奢侈、浪费的生活。

恶习流行于整个社会。中层阶级试图效仿贵族的生活；他们使得羽饰、制服以及布篷大为流行；他们的儿女们必须学习“造诣”，看“社会”、骑马和驾车，经常看歌剧和戏剧。炫耀是时髦的东西，是雄心对雄心，这样，恶习的愚蠢像潮汐一样涌上来，恶习又一次降临。工人阶层也要花掉他们的收入——确实是非常少的收入，但是即使是在他们的鼎盛时期，他们也没有注意为他们将来可能会经历的黑暗的日子作些准备。这样，当困苦的日子来临的时候只有贫民救济院可以给他们一点帮助。

因为贪婪而存钱和因为节约的目的而存钱是完全不同的。虽然可以通过同样的方式存钱——不要浪费任何东西而要节省每件东西。但是以下是他们不同结果的对比：吝啬鬼的唯一乐趣就是存钱，而谨慎的节俭者用他能够支付得起的钱来获得舒适与愉悦，将余下的钱储存起来以备将来之需。贪婪的人都拜金，他们将黄金视为熔解的牛犊，不断地拜倒在它的面前；节俭的人将黄金视为一种有用的工具，一种增进自身快乐和那些依靠自己的人获得快乐的一种工具。吝啬鬼从来都不会满足，他积聚的财富从来不消费，而是留给了别人挥霍，有可能是那些挥金如土的人挥霍；而节俭者的目的在于确保自己在世界的财富和舒适中能得到属于自己的公平的份额，没有任何积聚财富的念头。

所有人都有义务节约使用自己的财富——年轻人与老年人是一样的。许里公爵在他的《回忆录》里提到：没有什么比审慎的节俭对一个人财富的贡献更大了，即使在年轻的时候也要储存一些现钱在手以防将来应急的时候使用。如果一个人成了家，那么节约的责任就更为重大了。他的妻子和孩子对他提出了最为恳切的请求。当他很早就过世的时候，他的妻儿是不是将要被留在这个世界上无助地挣扎？慈善机构的援助之手是冰冷的，他们所能给予的东西与一位节俭的劳动力通过劳动所得以及真实的积攒下来的财富相比是多么不值一提，并且这个劳动力可以为妻儿带来祝福与舒适，不必因为无助和孤寂的感觉而受到任何的伤害。因此让每个人都能够努力践行节约与节省，不是囤积而是要珍视自己积攒下来的小小的财富，为了在世时能增进自身的幸福与快乐，离世时能够增加家人的幸福与快乐。

任何为了有意义的事情而节俭的努力都是高贵的，即使这样的努力最终并没有成功。它有助于产生井然有序的思维，它使得节俭战胜了奢侈，它使得美德主宰了恶习，它使得激情得到控制，它驱走了焦虑，确保了舒适。省钱，无论多少，都会有助于擦干我们的眼泪——将会阻挡许多的痛苦与焦虑，否则这些将会折磨我们。拥有一部分的资本，一个人的脚步会更加轻盈，他的心跳会更加愉快。当工作中断或者不幸发生的时候，他可以应对它们，他可以依靠他的资金，或者中止厄运的降临或者防止厄运的发生。通过审慎的节约，我们可以体会到一个人的尊严；可以体会到生命是一种福气，并且年纪大是一种荣耀。最终，通过节省，我们在离世的时候会意识到我们没有给社会造成负担，而是给予了社会回报与装饰；而且我们也会意识到由于我们是独立的，我们的孩子会以我们为榜样并且会利用我们死后留给他们的财富快乐、独立地走完他们的一生。

每个人的第一要务是加强教育以及提升自己，同时以各种合理的方式帮助他的亲友。每个人自身在很大程度上都有自由决定、自由行动的能力，并且许多的人与所处的逆境进行抗争并战胜了逆境已经证实了这一点；一些人摆脱了最贫穷、最卑微的社会地位也已经证明了精力充沛、意志坚定的人是如何促进自身的提升、进步和发展的。人性的伟大、社会的荣耀、国家的强大是不断努力与克服困难的结果，这难道不是事实吗?

如果一个人下定决心要前进并且他已经迈出了第一步，那么迈出第一步就是成功了一半。他在提升自己的同时，也处在帮助别人的最佳位置。他给他们提供了一个最有说服力的例子—— 一个榜样，要比单纯语言的说教有力度得多。他所做的事情正是激励他人要效仿做的事情。从自身开始，他以身作则以最有说服力的方式教导他人履行自我完善、自我发展的职能。倘若大多数人都能做到这些，那么人们该是何等的英明，何等的快乐，整个社会又是何等的繁荣啊！因为社会是由个体组成的，和谐繁荣还是与之相反与组成社会的个人是紧密相连的。

对社会不公平的抱怨古已有之。在色诺芬的《经济论》中，苏格拉底问："为什么一些人生活富足，还可以有所节余，而另外一些人连基本的生活都无法满足，并且还得举债？""原因是，"色诺芬说，"前者专心于自己的职责，而后者忽略了它。"

人与人的不同，大多数情况下在于智力、行为以及精力的差异。最好的品行发挥作用从来都不是偶然的，而是受美德、慎重以及远见的影响。

当然，世界上有许多的失败者。那些总是向别人寻求帮助而不依靠自己的人将会失败；那些不停浪费的人将会失败；吝啬的人、无能的人、奢侈的人、挥霍的人也必定会失败。实际上，多数人失败是因为他们不应该获得成功。他们以错误的方式着手他们的工作，并且没有什么经验可以用来完善自己，没有那么多人们所宣称相信的幸运。幸运只不过是对实际事物良好管理的另一种表达方式而已。黎塞留过去常常说他不会再用那些不走运的人了——换句话说，缺乏实际经验的人，不能从实践中获益；因为过去的失败通常也是未来失败的先兆。

一些最出色、最能干的人缺乏机智。他们既不考虑环境也不适应环境，他们任凭他们与环境的隔阂越来越大。他们树立了墙壁却只能使自己撞墙。他们作了许多的准备并且利用这些准备打败了自己的目标——就像华盛顿·艾尔文曾经提到的荷兰人一样，他们不得不跳过一道沟渠，为了跳得更好，他们返回去好远来助跑，等到他们跑过来的时候，已经气喘吁吁了，不得不坐在原来那一边喘气了。

实际生活中，我们想要做成事情却无所准备。我们自然喜欢那些有确定的目标和意图并且用最直接最简捷的方法完成目标的人，而非那些用华丽的辞藻描绘事情做完了以及如何做完的人。没有行动，所说的话仅仅是一种唠叨而已。

想要成功的欲望，甚至想要攒钱的欲望并不是没有用处的。在人们的内心深处，无疑善的意图要大于恶的意图。事实上，积攒的欲望形成了社会革新最有力的工具。它是个人活力和行动的基础，它是海上冒险以及商业冒险的开端，它是勤劳以及独立的根基。它促使人们去劳动，去创造，去超越。

懒人和挥金如土的人是永远成不了伟人的。我们发现正是那些从来不会虚耗一分钟的人运用他们的学识、技术和发明推动着世界的进步、发展。劳动是生存的条件。从异教徒时代，“劳动是上天为所有优秀的事务所设定的价格”这样的思想就在我们的身边出现了，在基督教时代，这样的思想仍然是值得提倡的。

正如我们后来所意识到的那样，一切事务的发展都取决于所积累的财富是如何使用的。在新奥尔良的约翰·丹诺的墓碑上，镌刻着以下这些文字，作为他对年轻人的人生之路的忠告：

“要永远记住，劳动是我们生存的条件之一。”

“时间就是金子，不要浪费一寸光阴，而是要珍惜每一分钟。”

“以别人对待你的方式对待所有人。”

“己所不欲，勿施于人。”

“今日事，今日毕。”

“自己能做的事情，不要求助于别人。”

“不要觊觎不属于自己的东西。”

“不要认为事情琐碎就不去关注它。”

“不要处置那些还没有到手的东西。”

“花费之前要三思。”

“让最伟大的规则来约束你生活中的行为。”

“生活当中，要学习尽量地做好事。”

“不要剥夺自己必要享受舒适的权利，但是要过一种值得尊敬的简朴、节俭的生活。”

“活着就要劳动。”

经过审慎的安排，大多数人都可以抵御逆境，为自己树立一道防止陷入穷困的屏障。他们可以通过个人的努力做到这一点，也可以按照合作的原则行事达到这样的目的，并且合作的力量往往是无穷的。处于最卑微环境的人们通过财富联合，可以结合起来，在很多方面抵御贫穷的压力，可以提高他们自身的物质福利水平，甚至可以促进国家的进步。

一个独立的个人对社会的进步和提高所起的作用是非常小的，但是当他为了这样的目的而与志同道合的人联合起来的时候，他就能做很多的事情了。文明本身就是联合的结果。米尔先生曾经说："与低等动物相比，人类所具有的所有的优势无一不是来自同伴联合的力量，通过孤立的个人努力不能达成的目标可以通过成员的集体努力获得成功。"

社会发展的奥秘在于合作，改善经济和社会生活的大问题只有通过这样的方式才能得到令人满意的解决。为了在大范围内产生好的效果，人们必须联合起来努力；并且最好的社会体系是在这样的体系里，为了大众利益的组织在各个方面都能获得最全面的帮助。

中产阶级已经在很大程度上遵循了联合的原则。没有哪个阶层像中产阶层那样发展如此迅速，并且通过他们的能力和勤劳促进了英国的国力增强和社会进步。原因是什么呢？因为最积极的人总是最易于联合、合作、合并的。当他们遭受攻击的时候他们联合起来；当他们想要阻止权力滥用的时候或者想要完成一个大目标的时候他们也会联合起来。他们联合在一起制造商业物品、开凿运河、建造铁路、组建煤气公司、创立保险公司和金融企业以及做许许多多艰苦的工作。通过将他们的小额资本集聚起来，他们可以使用总额庞大的资本，并且去执行最为艰巨的任务。

在合作原则的指导下中层阶级所取得的成就要大于那些更需要遵循这个原则的阶层——工人阶层。所有的合股公司都是联合的结果。铁路、电报、银行、矿山、制造等企业大部分都是由中层阶级的资本所创立和运营的。

工人阶级仅仅是已经开始遵循同样的原则了。然而，通过联合他们能取得多大的成果呢？他们可以在攒钱方面进行合作，也可以在生产方面进行合作。他们可以将积攒的收入通过联合积聚在一起，变成自己的业主。过去的这几年，大量的钱被用于增加罢工中所要求的工资。一亿先令被花在了喝酒以及购买其他不必要的物品上了。这是一笔巨额资本。那些花费或者浪费了这么多钱财的人本可以容易地变为资本家。完成这样的转变仅仅要求意志、精力以及自制。用在建筑、种植以及蒸汽机等方面的巨额资本可以使他们为自己制造而非为了个人资本家的利益工作了。蒸汽机在提供服务的时候是不偏不倚的，它不会考虑人是什么样的，它对工人提供的服务与对百万富翁提供的服务是一样的。它对那些能很好地利用它的人以及那些熟知它的力量的人将会提供最好的服务。

更多的工人没有什么资本去节省他们的劳动，并且，正如我们已经知道的那样，他们中的许多人将他们的收入都没有什么价值地、奢侈地花掉了，并非将这些收入积攒起来成为资本家。在许多领域里，通过联合许多工人，可以容易地变成资本家。由于身处社会，每个人不仅仅要做到公正，而且要履行作为一个公民的义务。为了确保他最终的能力和独立，应当将收入通过所有公正的和合理的方法积累起来。

我们并不是说人们应当仅仅为了攒钱和囤积而将自己的所得积攒起来，这样做恐怕是太吝啬、太贪婪了。但是我们是在强调所有的人都应当积累足够的财富，当他们在即将到来的无助的时刻，在疾病缠身悲伤痛苦的时刻以及年老体衰的时刻，这些财富可以确保他们过着舒适的生活；当这些时刻确实来到的时候，他们会发现自己手握一部分资本，足够确保他们不必依靠他人的施舍生活。

大多数情况下工人都是易于联合的，但是联合并不总是有益的。有时候联合采用的是反对业主的工会的形式，并且在频繁爆发以及通常情况下结果都很不幸的罢工中展现出来。工人也反对自己同阶层的人，目的是将这些人排除在他们特殊的要求之外。工会的主要目标之一就是以低工资和非联合的工人为代价保持他们的工资水平。他们努力阻止穷人熟悉他们的行业，并且这样做使得劳动力的供应低于需求。这套体系可能维持一段时间，但最终还是解体了。

在普林斯顿罢工期间，工人们损失了50万英镑，在罢工之后，他们又回去上班，待遇没有任何变化。伦敦建筑业在罢工期间损失了30万英镑，即使他们所要求的条件得到满足，他们也得花6年的时间才能弥补他们罢工所带来的损失。迪恩森林的矿工们在11周的罢工之后，又返回工作岗位，条件不变而损失了5万英镑。诺森伯兰郡和达勒姆的钢铁工人罢工100多天后，损失了2万英镑，在待遇比原来低了10%的情况下返回工作。根据阿伯德尔勋爵的调查，南威尔士的钢铁工人和矿工，在近来4个月的罢工和停工期间，仅就工资一项的损失就不会少于300万英镑。

工人们有能力获得大量的财富——他们本可以利用这些财富，但实际上他们却没有。想想如果把煤炭罢工损失中的300万中的100万用于开办煤矿、钢铁厂或者制造厂，在他们的合作之下运营，为作为技工的他们自身谋利的话是什么情况。格雷格先生说，一个有节俭习惯的、品行好的工人在10年内很容易在银行存下500英镑，并且如果把他的储蓄与其他的与他情况相同的20人的储蓄积聚起来，他们可以有1万英镑，用这些钱可以开办他们所擅长从事的任何工厂。

这并非不切实际的想法，这是可以很容易得到验证的。整个英格兰的工人们都采取了合作的行为。英国水产业的大部分工人遵循该原则已经有好几百年的历史了。渔夫们联合起来建造、装备渔船并为渔船配备人员，海上捕鱼所得的收入在他们之间进行分配——部分归渔船所有人，部分归渔夫们。惠特斯特布尔的牡蛎捕捞船公司“很久以前就已经存在了”，尽管直到1793年才被纳入国会法令当中。康沃尔的锡矿工人同样也遵循合作的原则，他们开采锡矿、洗锡并且出售锡，所得收入按一定比例在他们之间进行分配——很可能从腓尼基人将他们所生产的产品运到地中海港口的那个时候，联合的形式就出现了。

在当今时代，合作的原则已经被应用到相当广泛的程度了。1795年，赫尔面粉厂工业协会成立。该协会成立的原因在该协会的第一代成员向当时的市长和市议员的请愿书中作出了解释。该请愿书是这样开头的："我们，是这个城镇里贫困的居民，近来由于面粉价格超高使得我们及我们的家人都经历了许多的麻烦和痛苦，尽管目前价格已经降低了很多，但是我们认为有必要采取一切措施来确保我们将来不受那些贪婪和无情的人的侵扰。"据此他们要求建造一座面粉厂，为他们自己生产面粉。市政当局同意了他们的请求，并且以自由捐赠的方式来支持他们。面粉厂建立起来了，而且一直持续至今。现在的会员超过4000人，每个人都拥有25先令的股份。成员大多数都是工人阶层。面粉厂主们诉诸法律想关闭该协会，但是这样的企图被回绝了。该协会制造面粉，并且以市场价格出售给成员，每年的收益根据各个成员家庭消费的数量在股东之间进行分配。事实证明该协会是非常有利可图的。

过了许多年，有人开始效仿赫尔那些"贫穷的居民"了。1847年利兹的合作者们购买了一家面粉厂，1850年洛奇代尔也出现了相同的情况，从那时开始他们就为了成员的利益制造面粉。利兹的谷物面粉厂主们试图以更低的价格挤垮利兹工业协会，不久他们就失败了，并且面粉的价格持续降了下来。利兹合作社的年业务量超过了10万英镑，资本额达到了2.2万英镑，并且在1866年除了提供最优质的面粉外，将8000英镑的收益和奖金分配给了3600名会员。洛奇代尔区域谷物面粉合作社也取得了巨大的成功。它为洛奇代尔方圆15英里以内的居民提供面粉，它同时为62家合作社、超过12000名的会员提供面粉，它1866年的业务量达到22.4万英镑，它的盈利超过了1.8万英镑。

洛奇代尔面粉厂起源于洛奇代尔公平先锋合作社，后者开创了工业合作组织的新纪元。该公平先锋合作社成立于1844年。当时，商业状况处于一个非常恶劣的境地，并且工人阶层对他们的未来都普遍感到沮丧和无望。一些28岁或者30岁的人，大多是法兰绒织布工，组建了一个旨在节省他们辛苦所赚来的收入的合作社。众所周知，工人们通常为消费品支出的数额要比他们实际需要的多出10%。福赛特教授估计他们的损失接近20%，而非10%。无论如何，这些工人希望能将他们的这部分收入节省下来，否则，这些收入将进入那些必需品分销商的口袋里——换句话说，那些店主的腰包里。

每周每个人的会费是2便士，并且当交纳了大约52周的会费后，他们就可以购买一袋燕麦片了，这些燕麦片以成本价销售给合作社的会员。成员的数量增加了，并且会费增长如此迅速以至于合作社可以购买茶叶、糖以及其他物品并且可以以成本价销售给协会的会员了。他们取代了店主，成为服务自己的零售商。他们自始至终坚持以现金支付，概不赊账。

该协会不断发展壮大。它成立了一家销售食品、燃料和其他必需品的商店，几年之后开始着手创立合作谷物面粉厂。他们通过发行1英镑的股票增加资本并且开始制作和销售衣服和鞋帽。他们也销售帷帐、布料等。但是他们主要买卖的物品还是食品——屠夫屠宰的肉、食品杂货、面粉以及其他类似的物品。尽管在棉荒时期度过了一段艰难的时光，但自此之后却保持持续的繁荣。从一开始，它就留出一部分资金用于教育培训，并设立了新闻编辑室、一个图书馆，现在图书馆的藏书已经不下6000册了。

该协会持续壮大，除了在托德兰街的总部外，它在洛奇代尔及其附近设立了11处用于销售物品的分支机构和商店。到1866年底，它的会员人数为6246人，资本额为99908英镑。它当年销售物品的收入达到49122英镑，并且毛利润为31931英镑。

但是以上还不足以说明该协会的全部。净利润的2.5%被划拨为支持新闻编辑室和图书馆的专项费用。现在在洛奇代尔及其附近，该协会有业务的不同地方，有11个新闻和阅览室，每年投入的金额高达700英镑。会员们可以下象棋或者跳棋，可以观看图书馆的立体视图，使用图书馆放置的显微镜和望远镜。新闻编辑室和图书馆对提高会员们的自制力产生了有力的、有益的影响，不用再为此而另行做出特殊的安排了。据说该协会在消灭洛奇代尔的人酗酒方面所起的作用要比节欲的宣传所起的作用要大。

洛奇代尔先锋合作社的范例对英格兰北部县郡的工人们产生了强烈的影响。很少有一个城镇或者乡村没有这样的或者其他形式的合作社的。这些合作社促进了人们储蓄、节俭、节欲习惯的养成。他们激发了人们对金钱事务的兴趣并且使他们能够将所赚的钱留存起来以最好地加以利用。他们也教给人们一些商业知识，从总体上看他们所关注的事情取决于成员大会上所选出的委员会。

最兴盛的一个合作社成立于欧文·达尔文地区。该协会在市中心建造了一排漂亮的大楼。一层用于销售食品、食物杂货、服装以及其他生活必备品，二层是图书馆、阅览室和教室，他们都是面向会员及他们的家人开放的。三层是公共大厅，用于讲演、音乐会和舞会。该协会的业务量很大，利润也相当可观。这些利润根据会员会费的比例在他们之间进行分配。利润大部分用于在达尔文邻近地区股份造纸厂、棉花加工厂以及煤矿合股公司的再投资。该协会最值得赞扬的一个特征就是为会员及其家人提供免费的教育。利润的2.5%被划拨留作此用。在视察该协会的几个月前，我们得知该协会开办的科技辅导课程是如此的成功，其中的一位学员刚刚获得了政府每年50英镑的奖学金，奖学金的期限是3年，包括可以在伦敦的杰米恩大街的矿业大学免费学习，在此期间免费使用实验室。在该地区还有另外两家合作机构，并且我们得知达尔文地区的人们大多数都努力工作、节欲以及节俭。

苏格兰和英格兰的南部也出现了合作协会。在北安普顿，有一家买卖皮革的合作社，这个合作社同时也制造皮靴和皮鞋；在兰开夏郡的帕迪安和其他地方，成立了合作棉厂。曼彻斯特和索尔福德公平合作社"将银行的安全性、便利性与商业的营利性融合起来"，但其最大的业务是买卖食物、粮食、食品杂货、帷帐以及其他物品。它成功的唯一秘诀就是"现钱支付"，它不赊账。买卖都用现金支付，利润在会员间进行分配。每个生意人都知道现金支付是做生意的最好的方式：洛奇代尔先锋合作社发现了这个秘密，并且在它的机构中加以贯彻执行。在他们"对其会员和其他合作社的建议中"，他们说："要关注金钱方面的事情。在一级市场上要尽可能多地购买物品，或者如果你有自己生产的东西要卖，可能的话，设法在终端市场上卖。任何时候都不要忘记买卖都要用现金交易的原则。当心长期的账单。"总之，合作社变成了大规模经营的商人，他们的利润是由现金支付的折扣形成的，而这些利润要在会员间进行分配。

土地与建筑协会形成了另一种形式的合作。他们主要是受少数的中产阶层人士的支持，但也受到相当程度的技能熟练的和节俭的工人阶层人士的支持。运用它们的财富购买一部分地皮，然后在地皮上建造房屋。通过建筑协会，一个想拥有一套房子的人进入该协会成为一名会员，并且，不需要向房东交纳租金，而是向委员会支付会费和利息，并且，随着时间的推移，当他的会费付清，房子被购买了，协会会把房子过户给他。建筑协会就如同一家储蓄银行，在那里人们为了特定的目的而进行储蓄。但是即使那些没有买房子的人也可以根据他们的份额收取股利和奖金，有时候这些股利和奖金的数额还相当可观。

财富的积累对节俭的人总是具有影响力的，它可以使他们镇静、理智和勤奋。它使他们脱离那些反叛的观念，从而使他们趋于保守。当工人通过他们的勤劳和节俭可以确保他们自身独立的话，他们将不再认为别人的幸福是使他们自身遭受痛苦的一个根源，并且从他们所假想的灾难中获取政治资本也不再成为可能了。

据说因政治目标而成立的不动产土地协会，具有让人脱离政治改革的影响力，为了能让人们购买土地，他们首先在伯明翰发起成立，并且将它分为40先令的不动产所有权，这样持有人就可以变成有选举权的人并且上书反对《谷物法》。《谷物法》早已经废除了，但是所有权持有人依旧存在，尽管他们当中的许多人已经不是政治家了。“阿瑟·莱蓝德先生告诉我，”霍尔布鲁克先生在近来有关建筑协会的一份报纸上说，“在伯明翰，在这些协会的影响下，许多人为了利益已经抛弃了爱国精神。并且我知道不论是合作者还是基督徒，这些曾经大谈社会和政治改革的人，现在都变得跟辉格党政府一样了。并且他们拒绝在晴朗的夜晚出席公共会议，而他们可以像伊甸园中的毒蛇那样安全地爬过暴风雨中的阴沟，他们已经尝到了土地的滋味，并且沙砾已经进入了他们的灵魂。”

“然而，对于许多其他人来讲，”他又补充说道，“这些协会也教会他们过一种通过其他途径他们可能永远都不知道的节俭生活，并且可以使许多勤奋的子女能够将他们贫苦的老父亲接回家——他们在感化院里期待和恐惧得要死——可以将这些老父亲安置在地皮和房子都属于他们的孩子的花园里，在阳光下抽着烟斗。”

利兹常设房屋协会在为大约200个家庭提供了健康舒适的房屋之

后，列出了以下这些他们对当地的工人阶层的影响：在偶然的集会上，听到会员们讲述自己是如何把现在都认为很少的一笔存款，开始投资到协会确实是令人愉快的事情。通过建造和购买，然后在生活当中前进并且获得权利，以这种方式增加他们的存款……这样所养成的节俭的习惯和获得的知识对会员们是最有益处的。结果是那些粗心的人变得细心了，并且储蓄的人变得有秩序、令人尊敬、有财产，在各个方面都成为更好的公民，更好的邻居，他们生活更富有，更惬意。通过这样的金钱运用方式促进了商业的发展，提高了价格和工资，这有利于工人阶层并且同时提供了家庭愉悦的工具，没有它，这样的发展相对来说将会是无价值的，并且必然是不确定的。

在兰开夏郡也有一些城镇或者乡村积聚了巨额的资金用于购买和建造舒适的居住平房。去年帕迪罕为此储蓄的金额高达15000英镑，尽管当地的人口仅为8000。伯恩利也是非常成功的，当地的房屋互助协会有6600名投资人，他们前一年储蓄的金额为16万英镑，相当于平均每个投资者是24英镑。该协会的会员主要是工厂技工、矿工、机械工、工程师、木工、石工以及其他劳动工人，已婚和未婚女性。我们的报告者声称：许多工人已经购买了居住的房子。他们把购买房子也作为一种投资方式。该房屋互助协会通过抵押贷款的方式帮助办理了好几百起这样的投资，这样的抵押贷款可以通过不费力的分期付款的方式偿还。

从总体上来讲，房屋互助协会是最好的能说明节俭好处的例子。它们引导人们为了购买属于自己的房子而省钱，在他们自己的房子里，只要他们还活着，他们就会感受到最完整的、最踏实的安全。

第六章

通过人寿保险而节约

不要在一时冲动之下忘记了自己原来下定决心要完成的目标。

——莎士比亚

我们是反对邪恶的正义者的辅助者、同类物。

——E.巴雷特

我们的一生并不是要全部用来追求那些我们死后带不走的东西的。

——约瑟·美

年老时生活幸福还是悲惨通常只不过是从我们过去的生活中提炼出来的而已。

——德·麦斯特

另外两种合作攒钱的方式尚待介绍。第一种就是通过寿险，当被保险人过世时它可以为孤儿寡母们提供一笔资金；第二种就是通过友谊协会，它可以使工人们在患病期间得到补助并且在他们过世时他们的妻儿可以获得一小笔资金。第一种方式通常为中层及上层人士所采用，第二种方式通常为工人阶层所采用。

花很长的时间可能攒够供养那些依靠我们生活的人的钱，但人生总会有侵占那部分为死亡预留的资金的诱惑——正如许多人所想的那样——攒下足够的钱可能是一件遥不可及的事情。因此一周接一周、一点一点地积攒的金钱不能让人心里踏实。

加入保险协会的人情况就完全不同了。他的年储蓄或者季度储蓄立刻变成了普通基金，足够实现被保险人的意图。在他第一次交付保费的时候，他的目的就已经达到了。尽管他是在保费付清之前的某一天去世的，他的妻子和儿女们也会收到全额的保险费。

这套制度在确保人们因过世而遗留下来的家人在获得给养的同时又激励人们去履行节俭和审慎的义务，因为通过这套制度，这些美德得以践行并且可以确保它们的最终回报。参加人身保险的很重要的一个好处就是可以给那些躺在病床上的精明远虑的人一份心灵的宁静或者当他将要死亡时——不必十分忧虑将来他的家人的生活该如何，这些忧虑又严重增加了身体的痛苦，并且会减轻或者冲消药效。诗人伯恩，在去世的前几天写信给他的一个朋友，说："我仍然遭受着痛苦的折磨。天哪！克拉克，我开始有了非常糟糕的感觉。我那可怜的遗孀以及那6个无助的孤儿，不再多说了，这成了我一半的疾病，我像女人的眼泪一样脆弱。"

可以将寿险描述为防止孤儿寡母缺衣少食的股份计划。通过许多的人每年储蓄一定的小笔金额的方式——称之为"保险费"，以复利的方式进行累积，如同把钱存入储蓄银行一样，通过这样的安排来应对保险人死亡这样的意外事情发生，当这样的事情发生时，他所购买的保险金额可以立即移交到他的家人手里。通过这样的方式，除了固定的工资和收入外，人们还获得了一点点资本，无论数额是多么少，在被保险人死亡时可以立即为家人提供一笔基金。

我们经常听说那些过去勤奋、对社会有用的人在死亡时，他的妻儿却陷入了绝对的贫困。他们曾经过着令人羡慕的生活，住着高额租金的房子、穿着考究、与体面的人打交道、出入于娱乐场所，并且以某种特定社会地位和自尊心的观念教育子女，但是死亡击垮了他们，他们的家庭状况会如何呢？他们的父亲为他们的未来已经做好了准备了吗？每年支付给保险协会20～25英镑，可以确保他们的妻子和儿女不陷入绝对的困境。他们履行这项责任了吗？没有，他们并没有做这样的事情，如果他们知道这一点的话，他们的家庭就没有辜负他们的财富，但是事实是他们的家庭突然在这个世界上被置于破产的境地。

这样的行为不仅是轻率的、没有远见的，而且无情、残忍到极点。将一个家庭带到这个世界上，给他们高雅的品味，让他们习惯过舒适的生活，失去这些对他们来说是非常痛苦的，并且突然将他们带到教养院、监狱或者大街上——依靠亲友的救济或者大众的施舍——

这简直就是对社会的犯罪以及对那些作为直接受害的不幸的个人的犯罪。

要承认的是能够为他们的家庭攒下足够的资本的人，在当今剧烈竞争的时期，相对来说是少数。大概是由于家庭的扩大吸收了他们几乎全部的所得，并且他们发现可以存在银行里备用的数额是如此之少以至于几乎一点都没有存下来。他们变得不在乎是否能实现那些明显无助的人的目标——为了去世时家庭的利益而积累资金了。

以一个已婚人士的家庭为例。他已经开始做生意了，并且他想到如果他的生命能持续下去的话，经过很多年的积累，在他去世时可以为他的妻子和儿子攒下足够的钱。但是生命是无常的，并且他知道在任何时刻他都有可能被死神带走，留下他挚爱的亲人陷入相对贫困的境地。在30岁的时候，他决定办理可靠的人身保险，他购买的保额是500英镑——这笔钱在他去世时支付给他的家人。他每年支付12～13英镑的保费。从他支付保费的那一刻起，那500英镑就已经确保归他的家人了，尽管他有可能第二天就去世了。

如果他每年将这12或13英镑存入银行或者付息利用这笔钱，那么要达到500英镑的总额可能要花大概20年的时间。但是通过简单、美妙的人身保险的保障，他至少可以因此而确保没有焦虑、没有担忧地度过这人生当中最美好的26年。对未来灾难的预期不再影响他目前的享受。通过每年定额的支付——根据社会的利益增加而减少——他将确保在自己去世时为家人留下了一笔固定的资金。

这样，人身保险可以被当成是合同，通过这样的合同人生的不平等在一定程度上被平均化、被补偿了，以至于那些不久之后死去的人——或者更确切地说是他们的家人——分享了那些超出平均生活水平的人的好运。即使投保人自己存活的时间超出了投保的期限，假如他能考虑到在他生命当中的这么多年他免于忧虑的侵扰的话，他也不会去抱怨的。

人们怕火灾而为自己的房子和存货投保的原因要比引发人们预防疾病以及意外暴亡而投保的原因更为充分。有些时候，仅凭所谓的“精明”是不够的，在精明上还要添加为维持将来可能成为孤儿寡母的家人的生活而及早作出准备的责任。没有人会支持那些寻找借口忽略了如此重大的义务的人。在活着的时候为妻子和儿女提供日常所需要的东西难道不是作为一个丈夫和父亲应尽的责任吗？那么在他去世时为家人提供足够维持生活的财富也同样是他的责任。责任是如此显而易见的，并且履行义务的方式也是如此的简单，每个人都有能力做到，这样的安排是非常可行、合理、富有同情心、公正的。另外，它意在增加每一个明智、有远见的人的自尊心，鼓励他们履行所有的应当的社会责任——我们想不出任何反对它的理由，并且唯一遗憾的就是这样的实践却没有在社会多个阶层中成为普遍的行为。

工人阶层的友好协会或者互利协会是另一种形式的合作社。他们促使人们养成了审慎自立的习惯，并且是值得大加鼓励的。为了在疾病和穷困期间能够互相扶持，400万工人组织在一起形成了自发的协会确实是震撼人心的事实。这些协会大部分是英国人热爱自制和社会独立的产物——为了说明这一点，需要指出的是在法国，76人中只有1人是属于互利协会的。在比利时是64人中有1人属于互利协会，而在英格兰，9人中就有1人是协会的会员。据说英国的协会手中掌握的资金高达1100万英镑，并且他们向会员发放救济，这些资金都是会员们从他们每周的收入中自发捐献出来的，一年的捐献额超过200万。

尽管法国和比利时的工人阶层不加入互利协会，但是必须指出的是，根据他们的说法，他们是世界上最节俭、最审慎的民族。他们将资金主要投向土地和公共基金方面。法国人和比利时人对土地有着绝对的渴望。他们尽一切可能攒钱来获取更多的土地。就他们在公共基金方面的投资而言，应当指出的是（这也是众所周知的事实），法国农民通过把资金用于购买国防公债将法国的土地从德国征服者的践踏之下解放了出来。

英国的互利协会尽管用处很大并且带来很大的利益，但是却有很多的缺陷。在组织和管理的细节方面存在缺陷，并且他们当中，许多协会在财务方面是不可靠的。如同其他组织一样，在协会成立的初期，他们的运营通常以常识并且大部分是以经验为根据的——更特别的是根据会费与救济金的比例来确定疾病救济金的会费。在许多时候与所容许的相比，会费被定得过低了。因此当会费用完之后，“钱箱”通常就会被宣布关闭了。然后协会就解散了，并且那些老的会员只好离开协会，在他们的余生里拿不到救济。但是寿险协会本身也不得不承受同样的失败的惩罚，并且“清理”的工作经常会给这些中层阶级协会留下不光彩的记录。

引用友好协会注册处近来的一份报告中的话：“尽管在一般的管理体制方面，所得到的信息不是十分鼓舞人心的，但是，从总体上来看，穷人的投资风险不比那些出身高贵的人、国会议员、商人、专业的金融家和投机者努力运营铁路、股份银行以及所有企业的回报低。”

工人协会主要是由于人们的一种普通需求而产生的。拥有少额财富的人，不能够积累足够的资金来预防由于疾病或意外事故导致的无能而陷入困境。在生命的早期，以自己每天的劳动来糊口的人还是能辛苦地攒点钱的。不可避免的一些支出占用了他们有限的资金并且对他们的收入施加了很大的压力。当不能工作的时候，他们所积攒的那点钱很快就花光了，并且，如果他们还要养家的话，那么除了穷困、乞讨或者向济贫院求助外别无选择了。为了避免这些情况的出现，他们想出了办互利协会的办法。通过将许多小额的捐献结合在一起，他们发现为他们提供足够的基金以满足患病期间的一般要求还是切实可行的。

这样的方法是非常简单的。每个会员每周向协会交纳4～6便士，之后就可以从基金里取津贴。大多数的互利协会都设有遗孀和孤儿基金，也是以同样的方式筹集的，当会员去世时，从这些基金里拿出一部分给他的幸存者。很明显，这些组织尽管在细节方面还存在诸多缺陷，但整体上在社会上产生了有益的影响。其中的一个协会（曼彻斯特单身汉联合会）拥有会员约50万人，基金额高达3 706 366英镑，并且每年分发的疾病救济金和死亡补助金不下30万英镑，明显地说明了该联合会对建立它的阶层以及它为之成立的阶层所作出的有益的贡献。通过这样的方式，工人可以以相对低的代价确保节约的成果。因为互助的保险是最节约的一种形式，只不过又一次展现了合作的力量，这种力量在社会的各个角落都产生了如此非同寻常的结果，在世界上这也只不过是文明的另一种表达方式而已。

许多人反对友好协会是因为这些协会的活动地点是在酒馆，因为很多的协会都是由酒馆的管理人为了从会员当中拉主顾而成立起来的，并且因为在支付他们的会费的每两周举行一次的大会上，他们会染上喝酒的恶习，这样他们浪费的与他们节省的一样多。友好协会无疑主要依靠协会的组成成员，而酒馆是每个人都会去的地方。会员可以在那里聚会，一边讨论，一边喝酒。倘若协会只有一个责任——为疾病而办理保险的责任——并且要求会员们每周向一名筹款人缴纳会费，这类的协会很少还有生存下来的。大多数的情况下，参加那些在酒馆聚会的协会和根本不参加协会是很难的抉择。

这个世界并不能按照最好的原则来进行管理。对大多数人来说，特别是对于我们正在谈及的人来说，这个世界是一个粗俗的世界，需要按照普通的原则进行管理。对一些人来说，将啤酒、香烟、宴会和为了防止患病期间的无能而办理保险的纯粹的、简单的责任联系在一起是粗俗的，但是我们生存的这个世界本就是粗俗的，当我们发现这一点的时候我们必须适应它并且尽可能最大限度地利用它。必须承认的一点是人们身上单纯好的品性是非常弱的，并且需要大加协助。但是这个吸引他的权宜之计，尽管是粗俗的，利用他对酒肉的嗜好，来履行他对自己和邻居的责任，这决不仅仅局限于那些工人的协会。在伦敦所有的慈善团体或机构会为了吸引捐献者而提供年度大餐。我们会为富人1几尼的大餐寻找借口，却谴责穷人18便士的年度大餐吗？

哈利法克斯的阿克若伊德先生1856年为约克郡西区的工人创办疾病互助会和便士储蓄银行付出了巨大的努力。为此目的还成立了一个组织，尽管便士银行获得了十足的成功，但是互助会却完全失败了。阿克若伊德先生是这么解释失败的原因的："我们发现人们已经加入了互助会，特别是单身汉协会、德鲁伊协会、福瑞斯特协会等互助会，没有什么新创立的、独立的协会能与这些协会自制、相互监督以防止欺诈以及兄弟关系的原则相抗衡。我们所必要的捐献金额也要比他们的高很多，这可能是我们失败的一个最主要的原因。"

低会费曾经是友好协会失败的主要原因。会员们由于资金有限，努力以最低的成本来确保他们组织的目标这是理所当然的事情。因此，他们总是设定尽可能低的会费，在大多数情况下，他们所设定的会费过低。只要协会的主要组成成员是年轻、健康的人，并且患病的人数较少，支付的款额似乎丰裕一些。但是，会员们逐渐变老，他们患病的平均可能性在增加。年纪的增长对协会的偿付能力的影响不久就会显现出来，年轻人避免进入老龄协会，并且倾向于成立他们自己的组织。结果是当老人们从协会中往外拿他们储备的钱的同时，定期的会费下降了，并且如常见的情况那样，一些经常患病的会员长期依靠协会，最终基金会被用光，“钱箱”被宣布关闭，并且协会解散。对那些仍在协会的年轻人来说这样的结果确实是不公平的。在向协会交纳了许多年的钱后，这些基金被不符合协会规则的退休金和其他津贴用光了。

即使是最好的协会在认识到充足的会费在促使它们履行义务并且确保持续性和偿还能力方面是至关重要这一点上也是迟钝的。大多数协会的失误是想用太少的钱去做太多的事。他们支出的津贴费相对于他们收到的会费过高。那些先入会的人得到了服务，但是那些入会晚的人通常只会发现摆在他们面前的是一只空盒子。不仅仅是会费通常被定得过低，而且在会员的选择方面很少有或者没有差别。那些年纪大、健康状况不太好的人与那些年轻的、健康的人的入会条件是一样的，唯一的不同就是入会费率。即使是那些起初费率不充足的年轻人的协会，不是越来越强大，而是越来越脆弱，并且当一些经常处于病痛中的人不断地依靠协会的基金时，基金不久就会被耗光，协会也会破产并且解散。这是数以千计的友好协会所经历的历史。这些协会在他们的那个时代做了许多事情并且发挥了很大的作用，但是这些协会的寿命是短暂的，昙花一现，并且协会的许多会员都感到失望，甚至有受骗的感觉。

近来已经做出了一些尝试——特别是曼彻斯特单身汉联合会的主管们所做的尝试——改善他们协会的财务状况。或许该联合会的领导层想把该组织带入一个财务可靠状态的愿望的最好的证据就是该协会的管理委员会授权公布了未来走向的所有数据，来反映财务不健全的实际状况。相应的，该协会的常务秘书赖特克里夫先生提供相关信息，花了大约3500英镑，准备了详细的系列数据表并且对外出版公布。在最后一版的序言中这样写道："这笔钱并非专门用于疾病补助金、死亡保险金或者孤儿寡母的抚恤金的基金，而是来自于分会的管理基金——通常来说这部分基金直接来源于会员，因此，就那些最关注他们所珍爱的机构性质和运转的会员来说，在没有经过慎重考虑之前，这部分基金不会轻易就花掉。"

我们相信随着时间的推移和经验的积累，友好协会的领导们会改善协会、对协会进行新的改良。最好的组织是那些扩张不是很迅速、根据成功或者失败的经验不断改进的组织，并且最终，他们需要很长的时间来增强自身并且使他们深深扎根。最初级的协会是由工人创立的，在患病期间人们可以互相帮助，不用依靠私人慈善或者贫民救济院的帮助，它以正义的精神为基础，是值得不断提倡的。它为后来更好的协会打下了基础。它教导人们自力更生，并且通过这样的方式在最卑微的阶层中培养节俭的习惯。

在生命统计科学能给友好协会作出指导之前，这些协会就已经开始运作了。

它们在互相保障方面会犯错误，在其他许多方面也会犯错误。看看它们曾经碰到的不可避免的困难，它们有权获得宽恕。善意地对它们提出建议会产生好的结果。那些现有的缺陷应该被视为是暂时的表皮，当鲜花盛开或者果实成熟的时候，它们也就脱落了（随着时间的推移，这些缺陷会自然消失）。

第七章 储蓄银行

我希望能用金字在天空写满“储蓄银行”这几个字。

——威廉姆·马什

帮助穷人的唯一秘诀就是让他们的代理人不断改善他们自身的状况。

——萨姆纳大主教

懒惰的人啊，你去观察蚂蚁的动作，你就会获得智慧。蚂蚁没有元帅、没有官长、没有君王，尚且在夏天预备食物，在收割时聚敛粮食。

——《圣经》箴言

据说每户人家都有一个骷髅。这个骷髅被锁起来了——放在碗柜里——并且很少被人看到。只有家里的人知道它的存在。但是，这个骷髅无论如何不能长时间地被藏起来。它总是以这样那样的方式显露出来。最普通的骷髅就是贫穷。“贫穷，”道格拉斯·杰罗尔德说，“是最大的秘密，是一部分人对另一部分人千辛万苦所保守的秘密。当没有什么可以积攒的时候，没有什么可以用于减轻疾病侵袭时病痛的危害的时候，没有什么可用于减少年老时的穷困的时候，也就是那个秘密显露出来的时候。”

在一些国家里，由于过度交易以及过度投机，生意经常会陷入停滞的状态，许多厂主、职员以及工人陷入失业的境地，他们必须等到经济复苏的时候才能重新工作。但是在恶劣的时期，他们怎样生活呢？如果他们没有攒下钱、没有什么可以储蓄，他们相对来说是穷困的。

即使是合作棉厂或者合作银行，它们只不过是有限股份公司而已，也可能破产。正如棉荒时期所发生的情况一样，他们无法与大资本家相抗衡，无论是在采购棉花方面还是在生产棉线方面。为了生产的目的而设立合作公司可能有些太投机了，不能为工人们带来较多的持久利益，并且，到目前为止对他们来说更为安全的、更合时宜的做法似乎是简单、直接的储蓄。虽然收益会小一些，但损失的风险比较低。储蓄的钱不会被锁起来并且不会因为时势和贸易的变化而带来的生产变化发生意外，而是稳定持续地积累，并且当困难到来的时候，可以随时拿出来使用。

1860年，布莱特先生在下议院说工人阶层的收入保守地估计每年有31亿2千万英镑。过去15年来，工人工资得到了提高，现在他们的收入至少达到了40亿英镑。从他们所挣的这笔庞大的资金里，工人们每年可以轻松地储蓄3亿～4亿英镑。无论如何，他们能够储蓄这么多的钱，如果能适当地利用和节约，他们当中的许多人都可以过舒适甚至是相对富裕的生活。

在现在来看我们所列举的那些例子无论如何都算是一般的情况了，在这些例子当中，身份卑微的人为了家人的利益以及自己年老时能有一种支撑，通过自己的节俭，积攒了相当的财富。一个能很好克制自己的人能做的事情，其他人，受相似的自立动机的影响并且践行节制与节俭，同样可以轻松地、以不同的方式做到这一点。如果一个人拥有的钱比他目前需要的钱多的话，他会试图花掉这些钱。运用人们通常所说的话来描述就是“在他的口袋上烧了个洞”，他很容易陷入酒馆设下的圈套。在他看来家庭给予他的只是小小的舒适，而酒馆，灯火通明，时刻准备着欢迎他的到来。

工人们在“形势恶化”时失业是常有的事情。如果失业的人们有花掉他们所有的收入和工资、不留下任何储蓄的习惯的话，可以想象他们的下场会是多么的悲惨。但是如果他们能在家或者在储蓄银行攒下一些钱，他们就可以打破他们的困境。他们可以在找到新的工作之前获得喘息的机会。假设他们攒了10英镑。表面看来数额太少了，然而在困难时期，这10英镑的作用非常大。它也是张证明一个人未来独立能力的通行证。

利用这10英镑，一个工人可以从一个地方搬到另一个就业机会更多的地方。利用这10英镑，他可以移民到美国或者加拿大，在那里，对他的劳动会有需求。没有这一小笔钱，他可能永远留在他原来的地方，不能动弹。如果是一个有家室的已婚人，他的10英镑可以使他的家庭免于陷入穷困之中，可以使他的家庭免于破裂。他的10英镑可以使野狼进不了家门直到情况有所好转。10英镑可以使一个女仆免于死亡，给她恢复由于辛苦劳动而失去的健康的时间，并且可以使她四下寻找合适的地方，而不必仓促地到第一个愿意雇佣她的地方当仆人而别无选择。

我们并不是为了钱本身而重视它，并且我们不鼓励任何人为了吝啬的欲望而储蓄，但是我们不得不承认金钱是生活的工具、幸福的工具、维持真正独立的工具。因此，我们应当提倡每个年轻人都通过学习储蓄而开始生活，将每周收入的一部分储蓄起来以备将来之用，无论钱多或少，避免将每周或每年的收入全部都消费掉。我们建议他们这样做，因为这样做他们可以避免依赖、穷困和乞讨的恐惧。我们想让各个阶层的人们依靠他们自身的资源——依靠他们自己的储蓄，因为“钱包里的一分钱要胜过一个当官的朋友”是事实。节省了第一分钱毕竟是迈出了第一步。这一分钱被储蓄起来的事实表明这个人的自制、远见、审慎和英明。它可能是未来幸福的种子，它可能是独立的起点。

科贝特经常嘲笑储蓄银行的“骗局”，声称告诉储蓄银行他们有东西要储蓄是对人们的一种侮辱。然而人们利用储蓄银行的程度，即使是最卑微的阶层，都证明他的论断如同他所坚持的许多观点一样是非常错误的。要不是储蓄银行提供的便利的服务——曾经看起来没什么用处的服务，数以千计的人可能永远不会想到要攒下1分钱。放在柜子里的一小笔钱，太容易手到擒来，并且在积攒到一定的数额之前可能就被挥霍掉了，但是一旦提供了一个存钱的地方，在那里1先令的钱也可以储存，人们就不会赶着要利用它了。

第一家储蓄银行是由普里西拉·维科菲尔德女士于18世纪末在米德尔塞克斯郡的托特汉姆教区创办的。她的主要目标是激发那些贫穷孩子的节俭。这次尝试是如此的成功以至于1799年，约瑟夫·史密斯神父开始了一项计划，在夏天他从他的教民那里收取小额的款项，在圣诞节的时候再把钱还回去，同时为了激发人们的审慎和节俭，还钱的时候再加上原来款额的三分之一。维科菲尔德女士，效仿史密斯先生的做法，并且于1804年扩大了她的慈善银行的计划，将成年的工人、女仆以及其他人也纳入她的计划的范围。几名城市妇女于1808年在巴斯成立了相似的机构。大约在同一时间，韦伯特先生向国会建议应当成立“具有银行性质的，单独为劳动阶层服务的”一个全国性的机构，但是当时没人理会他的建议。

直到邓弗里斯郡的一个贫穷教区鲁斯维尔的管理者亨利·邓肯神父开始从事这样的事情时，储蓄银行制度才正式地浮出水面。那个教区的居民大多是贫困的佃农，他们每周的平均工资超不过8先令。在该地区没有什么生产性的行业，除了耕种土地所得到的之外，也没有任何可以维持人们生计的其他方式。并且大多数的土地所有者都不是该地区的居民。看起来当地似乎是一个不大可能成立储蓄银行的地方，在那里穷人们总是绷紧了每一根神经要糊口，要赚钱教育他们的孩子（因为，无论收入多么少，苏格兰农民都会毫不动摇地设法节省钱以把他们的孩子送到学校接受教育），并且向当地教区的友好协会捐献一定的金额。然而，邓肯神父，将成立银行视为自己精神劝导工作的辅助，决心尝试一下。

没有多少人能理解这位严谨的老师的深奥言论，但是即使是最不聪明的人也可能欣赏那些有关家庭幸福以及对工人自身日常舒适和自尊的建议。邓肯神父知道即使是在最贫困的家庭里，也有一些不必要的支出会花掉零星的收入。他看到一些节俭的佃农，养牛、养猪或者耕种一小块儿花园土地，将它们视为储蓄银行，发现他们的利益回报是黄油或者牛奶、冬天的熏猪肉或者花园里产出的东西。他想起了其他的村民、单身的男人和年轻的女人利用相似的方法，将他们夏天节省下来的钱储存起来，从他们的小小投资得到合理的利息作为回报。

就这样，鲁斯维尔的教区储蓄银行诞生了，它是这个国家成立的第一家自助机构。许多年后储蓄银行的基金达到近1000英镑的事实证明了邓肯神父的预想是正确的。一周挣8先令的穷困的村民以及挣得更少的女工和女仆尚且能够储蓄这么多钱，更何况那些一年到头每周能挣30～50先令的机械工、技工、矿工和钢铁工人呢。

邓肯神父的做法在英格兰和苏格兰的许多城镇和地区得以效仿。人们都效仿鲁斯维尔教区银行的运行模式，并且采用了自立的原则。这些城里的储蓄银行不是慈善机构，也不依靠任何组织的施舍和帮助，他们的成功完全在于储户自身，他们鼓励勤劳的人们相信他们自身的资源，在生活行为中践行远见和节省，珍视自尊和自立，并且运用他们的勤劳，而非依靠吝啬的贫民救济院那无济于事的少量施舍物，为他们年老时候能过上舒适的生活作出准备。

因这些目标而成立的储蓄银行最终开始得到全民的关注，并且在1817年，一项有关增加储蓄银行数量和扩大其用途的法案得以通过。从那以后，为了增强其有效性和安全性，储蓄银行采取了许多的措施。但是，尽管这些机构发挥了极大的作用，收入较高的工人阶层对它们的利用仍然非常有限。据估计，工人们每年仅把40亿英镑收入的一小部分存入银行，而他们花在酒馆里的钱是这笔钱的20倍。

并非那些收入较高的工人会将钱存入银行里，而是那些收入水平一般的人才往储蓄银行里存钱。曼彻斯特和萨尔福德储蓄银行里最多的储户阶层是那些家佣。排在他们之后的是职员、店员、搬运工人以及矿工。仅有大约三分之一的储户是操作工、技工和机械工。一些年来，在邓迪的众多的女性储户中，仅发现有一个人是工厂的工人，其余的大部分都是用人。

还有其他的事实可证明此点。在那些收入最高的县区，储蓄的习惯反而不如那些收入最低的县区盛行。在邮政储蓄银行产生以前，维尔特和多尔赛特的居民——当地的工资收入大概是全英格兰最低的——在储蓄银行存的钱，按人均来计算要比兰开夏和约克郡高得多，而后者的工资在全英国大概是最高的。以约克郡为例，将其分为制造业和农业，约克郡西区的制造业居民每人在银行的储蓄额是25先令，而西区的农业居民的储蓄额大约是这个数目的3倍。

普通工人每周的收入要比工资最低的那些工人的收入低很多，但是他们在储蓄银行存的钱要比那些每周收入30～40先令的工人多。士兵通常被认为是最轻率的一群人。事实上，因为鲁莽和放荡，他们有时为世人所厌恶。但是军人储蓄银行驳斥了这些污蔑，并且证明了英国军人是节制、严守纪律并且节俭的，如同我们所知道的他们具有勇敢的品质一样。大多数人都忽略了军人必须是服从、节制和忠诚的。如果他是一个酒鬼，他就会被处罚，如果他不是忠诚的，他会被军队开除。

训练的魔力是可以产生神奇效果的。训练意味着纪律、培训、教育，每个人经历的第一个训练就是军用的训练。它曾经是国家的第一教育。在大范围内教导人们服从的义务——对当局服从，在统一的指挥下集体行动。这些士兵——要冒着枪林弹雨向高地的要塞挺进，或者与明晃晃的刺刀进行肉搏，就如同他们在巴达赫斯所做的那样——他们曾经是裁缝、鞋匠、机械工、挖掘机操作工、纺织工以及农民，原先，当他们行进时，他们的嘴巴张着、腰弯着、脚步散乱，他们的手臂就像是悬挂在身体两侧的巨大的鳍，但是现在他们的步伐是坚定的、勇武的，他们的身躯是挺直的，并且，伴随着巨大的乐声他们列队前进，他们踩在地上都能使地球晃动。这就是训练的神奇魔力。

当人们变得文明的时候，国家采用了其他的规则方法来使训练变得富有成果。许多形式的生产代替了征服和破坏。在这个过程中，行业获得了极大的推进，技艺更为娴熟，造就了许多技艺高超的劳动力。每一次工业的推进都是由技工们熟练的双手促成的。到约克郡和兰开夏郡看一看，你就会发现许多的熟练工人在劳动。当地的规则非常完善，并且就当地人双手生产的产品数量而言，数目是惊人的。

无论是个人还是社会的成功都完全取决于有效的训练和规则。最自立的人处于规则之下，并且规则越完善，他就越有竞争力。一个人必须训练他的欲望，并且将欲望控制在可控范围之内；他必须服从命令，否则他就是狂热与冲动嘲弄的对象。一个宗教界人士的生活中充满了规则和自制。从事商业的人必须完全遵守体制和规则。最快乐的家庭是那些规则很完善，但却不易让人察觉到这些规则的家庭，并且当这些规则在牢牢地约束我们的时候，我们却没有这样的感觉。习惯的力量只不过是训练力量的表现而已。

当今很少有人再暗示强行征兵的必要性了，但是，如果人们普遍被迫经历过军队纪律的洗礼，国家会变得更加强大，人们会更加节欲，并且与当前相比，节俭会更加成为人们的习惯。

军需官凡福尔在1816年首次提议设立军人储蓄银行，并且大约10年之后第26步兵团（苏格兰步兵团）的奥格兰德上校又一次提议设立这样的银行。已故的威灵顿公爵注意到了该建议，但是否定了它。关于该建议，威灵顿公爵做了如下的批示："我认为没有什么事情可以阻止一名士兵，与其他的臣民一样，在储蓄银行里存钱。如果存在什么阻碍的话，应该去掉这些阻碍，但是我对进一步的措施（设立军人储蓄银行）持怀疑态度。"

然而，便利普通士兵储蓄的念头转向了减少军队开支的念头，他特别补充说："工人们获得的收入多于他们所需要的吗？如果是这样的，那么应当降低收入，不是降低那些正在服役的士兵的收入，而是降低那些以后入伍的士兵的收入。"然而，没有一个人能说普通士兵的收入高了，并且也不可能接受降低收入的建议。

为军队建立储蓄银行的问题被一度搁置了，但是在詹姆斯·米克瑞格先生和豪威克勋爵的帮助下，一项方案最终得以通过并且在1842年实施。结果证明是非常令人满意的，并且证明非常符合英国士兵的特点。在呈给下议院的一份报告中，该方案详细介绍了各个军团的储蓄情况。皇家炮兵军团的储蓄额为23000多英镑，平均每个人是16英镑。这些储蓄来自每日1先令3便士的收入以及1便士的酒钱，在扣除了用于额外的购买衣服的一些零星支出外，相当于每周大约存9先令6便士。另外皇家兵工团的士兵——大多数是熟练的机械工——存了大约12000英镑，相当于每个人是20英镑；第26步兵团（苏格兰步兵团），士兵们每天的收入是1先令以及1便士的酒钱补助，储蓄了4000英镑；第一营的250个士兵或者是该营的三分之一的士兵都在银行里有储蓄，并且他们每个人的储蓄额高达17英镑。

但是以上这些还不是全部。那些普通的士兵，通常会从他们微薄的收入中拿出一部分钱来通过邮局寄给家里的亲人。一年当中，从阿尔德肖特寄出的钱高达24000英镑——每个寄钱人寄出的钱数平均为21先令4便士。倘若每周收入为7先令7便士的人能做到这些，还有什么是那些熟练的工人所做不到的呢，他们每周的收入高达2～3英镑。

那些在海外辛苦征战的士兵被证明是同样富有思想和节俭的。在克里米亚作战期间，士兵们和海员通过邮局寄回家的钱是21000英镑，并且通过军工企业带回的钱是35000英镑。在斯库里塔地区的邮政汇款体系成立一年多以前，士兵们攒的钱是由南丁格尔小姐保管的。她发现为了他们挚爱的亲人以及他们将来的幸福，士兵们都愿意减少他们自己的享受或者纵欲，并且她每周都抽出一个下午来把他们攒下来的钱集中起来让人带回英格兰。通过这样的方式，她寄回了好几千英镑，这些钱由伦敦的一个朋友再负责分发——许多都得送到英格兰和爱尔兰偏远的角落。在那些亲人居住的地方（那些邮局能准时到达的地方），所有的汇款中，除了一次例外，都能得到及时的确认。

另外，没有一个军团在从印度返回时不带回来一笔积蓄的。1860年，在印度发生暴动之后，那些退伍军人汇回英国的钱多达20000英镑，除了8个兵团带回来的军团银行的40499英镑外。钱数最多的是第84兵团，他们的储蓄是9718英镑。第78兵团（瑟夫斯高地团），追随哈弗洛克向勒克瑙进军的英雄们，储蓄了6480英镑，以及第32兵团，在因格里斯下坚守勒克瑙，储蓄了5263英镑。第86兵团、第10兵团的第1营、第9骑兵团都带回了一定数额的储蓄，证明了他们的节俭和远见，这些也体现了他们作为人以及作为士兵的最高荣誉。

然而，普通士兵并不是把他们积攒的钱都存入军人银行里，特别是当普通银行为他们敞开大门时。我们得知许多驻扎在伦敦的军队在普通储蓄银行里存钱而不是在军队银行里，并且，当问及这种情况发生的原因时，回答是：“我不想让我的长官知道我正在存钱。”

但是除此之外，普通士兵宁愿他的战友们也不知道他正在存钱，对于那些挥霍的士兵而言，像那些奢侈的工人一样，当他花光了自己所有的钱后，就倾向于找一个正当的理由向他节俭的战友们借钱。

同样的猜测也会阻止工人在普通的储蓄银行里存钱。他们不想让他们的雇主知道他们正在存钱，因为害怕这会导致雇主们借故降低他们的工资。在约克郡一个镇上的工人，他已经决定到储蓄银行里存钱，他的雇主是这家银行的董事，他在银行门口不断进行观察，以确定他的雇主是否在银行里，在经过几周的等待之后，他才确认了事实。

比尔斯顿的矿工们，至少是那些在储蓄银行里存钱的矿工，习惯于用他人的名字存款。他们这样做不是没有原因的。因为他们的雇主实际上反对储蓄银行这样的机构，害怕工人们将他们的储蓄用于资助集会，这些机构不能给那些在银行存钱的工人们稳定的最好保障。贝克先生，工厂的巡查官，曾经说道："罢工中很少或者没有富有的工人带头，这样的事实证明了罢工是最大的愚蠢。"

比尔斯顿的一名与工人的职业没有关系的长官，曾经提到过如下的一个例子。"我劝说过，"他说，"一名工人往储蓄银行存钱。他非常勉强地同意了。他存的钱非常少，尽管我知道他的收入很高。我通过表达对他所做的事情的满意来鼓励他。他存的钱增多了，并且5年之后，他把他存的钱取出来，买了一块地皮，并建造了房子。我想如果我没有劝说他的话，这笔钱就要被花在宴会、聚会或者捐献给工会了。那个人的眼界现在开阔多了，他的社会地位提高了，他所看到的和感受到的跟我们一样，并且会影响别人来效仿他。"

从上面我们讲到的这些可以很明显地看出那些收入较高的工人阶层当中的一大部分人毫无疑问有能力攒下一笔钱。当他们在心中确立了明确的目标时，他们就会比较容易地筹集到完成这些目标必需的钱。单单兰开夏郡的一个镇为支持邻镇的同工种工人罢工而投入的钱就达30000英镑。在没有罢工的时候，为什么他们不能储蓄同样多的钱用于他们自身长久的幸福呢？许多工人已经为此目标而进行储蓄了，并且他们所做的事情，正是所有人都应该做的事情。我们知道一家大型的技工组织，位于基本没有什么无用支出诱惑的农村区域，在该组织里几乎所有的人都是天生的经济学家，他们每个人储蓄的金额从200～300英镑不等。

许多已经成家的工厂技工，每周很容易攒下5～10先令，经过几年之后，会攒下一笔相当可观的财富。在达尔文，仅仅在几天前，一名技工从银行里取出他的存款买下了一排小屋，现在他有了自己的不动产。另外的许多人，在同样的地方以及邻镇上，正忙于建造他们自己的房子。一些人是通过向房屋协会认购的方式，另一些人是通过银行积累的储蓄的方式。

一天，一名穿着体面的工人在布拉德福银行存钱的时候——他的银行户头里的钱已经接近80英镑了，告诉银行经理他是如何被劝导变成一名储户的。他曾经是一个酗酒的人，但是有一天他意外地发现了他妻子的银行储蓄存折，从而知道了他的妻子已经存了大约20英镑了，他对自己说："现在，当我仍在花钱的时候都能存这么多钱，如果我们两人都在存钱的话会怎么样呢？"这名工人从此不再酗酒了，并且成了他那个阶层里最体面的人。"所有的这一切，"他说，"都归功于我的妻子和银行。"

当那些收入较高的工人，比如，那些能积攒下足够积蓄的工人，他们应当逐渐地放弃那些辛苦的工作，并且在年老时退出竞争领域。他们也应当给年轻人让位，并且阻止自己陷入低收入之列。过了60岁，人的体力就会下降，并且到那时，他应当已经为自己的独立生计做好了准备。做到这些不需要什么非常的方法，工人们以此为目标攒钱的例子，也证明了整个阶层或多或少应当在相同的方向要做的事情是什么。

最贫穷的阶层利用便士银行的程度，无论如何都称得上是动人地展示了增加践行节俭的机会能做的事情有多少。第一家便士银行成立于格里诺克，大约成立30年了，它是储蓄银行的附属机构。该银行的发起人（詹姆斯·奎科特先生）的目标是能够使攒下的钱加起来不足1先令的穷人，把钱存到一个安全的地方。一年当中，大约有5000名储户在该银行存了钱，并且存的钱达到了1580英镑。值得尊敬的奎科特先生，伦敦东区的一名教区牧师，接着开了一家便士银行，并且成效是非常显著的。一年当中在该银行办理的存款达14513英镑。储户的数量被限制在2000人并且需求是如此之大以至于经常有许多人在等候，直到有了空缺的名额。

“一些人储蓄是为了租金，”奎科特先生说，“另一些人是为了衣食以及子女的教育，并且积蓄的目的形形色色。每一笔取出的存款都会经过我的手，这也让我有了聆听疾病、痛苦以及其他取出这小笔资金的原因的机会。除此之外，当每周储户们存入的钱超过了惯常的数目时，它还可以为那些大型的储蓄银行提供周转资金。许多人在开始时每周存的钱很少能超过1便士，现在每周能存1个银币了。”

在这件事情上，教区牧师的道德影响力得到了最明智的利用。在奎科特先生提供服务的人当中大部分都是有宗教信仰的。通过帮助他们践行节俭并且增强他们的体质，他可以逐渐地提升社会品味并且使那些对宗教生活陌生的众多的人意识到宗教生活。

另一件产生深远影响的事情是由胡德斯菲尔德银行公司的出纳查尔斯·W.西克斯先生发起的一项运动，他主张企业应当与机械学院等更广泛的机构联合起来。他认为在工人们年轻时就培养他们节省的习惯比给在他们的头脑里填充书本知识对他们自身更有实用价值，对社会的影响也更大。他指出，工人阶层不合理地花钱是当时最大的邪恶。“许多情况下，”他说，“工人的工资越高，他们的家庭越贫穷，并且正是这些人形成了不满的、危险的阶层。这样的人如何能对纯粹的、提升修养的知识感兴趣呢？”

为了说明人们的挥霍无度，西克斯先生举了下面这个例子。“西区一名杰出的雇主，”他说，“他的工厂在建厂25年来的停工时间鲜有超过1周的，花了几天时间检查了一下他支付给工人们的工资表，并且与前些年的工资作了比较，他高兴地发现机械的改进导致了工资的增加。他的纺纱工人和织布工人每周的收入大约是27先令，在许多情况下他们的一些孩子在同一家工厂上班并且偶尔他们的妻子也在此上班，通常整个家庭的收入达到了每年100～150英镑。参观一些工人的家时，他失望地看到他们的家里弥漫着令人难受的肮脏气味。收入的增加仅仅导致了挥霍的增加。储蓄银行和房屋协会都被忽略了。尽管工厂里也有一些收入不高的工人，但是他们的家非常舒适而且他们还能节省下来一点钱。我知道，在布拉德福，一名宽厚的雇主一下给他的技工们在储蓄银行里开了700个户头，在每个人的户头里存了一点钱。结果是令人沮丧的，很快户头里的那点钱就被取光了，仅有非常少数的人将它们视为继续存钱的引子而将户头保存了下来。”

西克斯先生建议每个组合的机构都应当指定一个储蓄银行预选委员会，这个委员会每周召开一次会议以接受会员以及非会员的存款。

“如果每个机构的委员会，”他说，“采用这样的方法，关注他们粗陋的环境，并且带着一颗同情和仁慈的心，去建议、去引导，而不仅仅是赢得他们的存款，不仅仅是念课文，而是要培养他们真正节省和自力更生的习惯（成为高等阶层的必修课），那么结果该是多么令人振奋啊！一旦养成了更好的习惯，他们的双脚就坚实地踏在了自力更生的道路上了。年轻人在成长的过程中确信他们可以凭借自己出色的智慧和美德，解决他们自身的社会福利问题该是多么好的事情啊！”

这令人赞赏的计划并没有无果而终。一些机构陆续实施了该计划，并且在约克郡，那些与主要的技工机构联合的预选储蓄银行很快就成立了。在胡德斯菲尔德、哈利法克斯、布拉德福、利兹以及约克郡，因这样的目的成立的银行获得了极大的成功。哈利法克斯成立的便士银行由1家中心银行和7家分支机构组成。会员的人数以及人均储蓄额都逐渐增加。在布拉德福，成立了14家便士银行并且当储户们已经养成了在小银行储蓄的习惯后，他们大批地转向了普通的储蓄银行。

格拉斯哥及其周边地区成立了36家便士银行。委员会在其报告中声称他们打算“核查那些小额的胡乱支出，这些支出通常会导致浪费和缺乏远见的积习”。并且他们极力主张支持便士银行这被认为是扩大储蓄银行便利性的最好的方式。据估计设立在法纳姆的小乡镇的便士银行，在几年内为当地的储蓄银行输送了150名定期储户。整个存款金额的三分之二在一年内被取出的事实说明了便士银行主要是为小额的资金提供可供储蓄的安全地方，直到储户们将这些小额的资金拿出来使用，比如用于租房、衣服、家具，医生的账单以及其他类似事情等。

这样的便士银行是穷人的钱袋。大多数的储户存的钱不超过6便士，并且整体的平均数不超过1先令。储户是由工人阶层中社会地位最卑微的人组成的，并且显然他们当中的绝大多数人以前从来都没有从他们的收入中拿出一部分进行储蓄的习惯。德比郡的克拉克先生，对这些有用的组织的扩张非常感兴趣，他说德比便士银行所收的存款当中有十分之一都是铜币，并且其中一大部分的币值都是3便士和4便士的。

很明显，便士银行涉及的是那些收入非常少的阶层，他们的储蓄能力比那些高收入的工人要弱很多，并且，如果这些钱留在他们的口袋的话，大多数情况下会被他们在附近的酒馆里花掉。因此，当普特尼一家便士银行成立时，并且在第一年的年底储蓄增加时，一位酿酒商——委员会的委员，说道:“那意味着3万品脱的啤酒卖不掉了。”

在约克郡的一家便士银行，人们发现一位接受教区户外补助金的老人在便士银行里存钱直到他在银行里存的钱足够买一件上衣。另一些人存钱是为了购买八天钟或者一件乐器或者是为了乘火车外出旅行。

但是便士银行最主要的储户是男孩，并且这是他们最有希望的特点，因为男人正是从男孩转变而来的。在胡德斯菲尔德，在竞赛和榜样的力量下，许多男孩聚集起来从工厂走向便士银行。他们储蓄的意图各种各样——有人想买一个工具箱，有人想买一块表，还有人想买一本语法书或者一本词典。

一天晚上，一个男孩到银行想提取1英镑10先令。根据便士银行的规定，当提取的存款超过1英镑时，必须在1周之前给银行通知。当时，出纳员不同意支付这笔款项。“好吧，”这个男孩说，“我取钱的原因是：妈妈支付不起她的租金，我打算来支付，我拥有的东西，也是她的。”另外的一个例子，一个年轻人取出20英镑想买他那已经入伍的哥哥回家。“妈妈非常烦恼，”那个男孩说，“如果哥哥不能回家的话她的心都要碎了，我忍受不了这一点。”

这些机构除了能够使年轻人免于欠债以及诚实地支付自己的生

活费，当家庭陷入磨难和意外时为他们提供合法履行职责和得体行为的工具外，还以各种各样的形式帮助和提高年轻人。免费学校一个令人尊敬的特点就是为了培养学生们最必需的良好习惯，几乎每个人都与一家便士银行有关系；一个显著的事实就是在一年之内与免费学校工会有关联的学生从25637英镑的总数中拿出8880英镑用于储蓄。这些免费学校的贫穷的孩子能做到这些的时候，那些收入较高的英国技工和机械工还有什么做不到的呢?

便士银行的另一个重要特征，就培养人们的节俭习惯而言，是那些男孩或者女孩将他们每周省下来的钱存入便士银行会影响他们的父母也效仿他们。一个男孩连续多周存入他的便士，并且把存折带回了家。存折表明他在银行拥有了明确属于他自己的“分类账页码”。他存的便士会及时地出现在页码上并且会显示每笔存款的存入日期，而且储蓄的这些钱并不只是闲置无用的，它每年可以带来2.5%的利息收入，并且如果是20先令以下，不需要提前通知，任何情况下都可以取出这笔钱使用，如果超过了20先令，那么在通知银行1周之后就可以取出使用了。

这本存折是一部小小的历史书，并且可能引起兄弟姐妹以及父母的注意。他们称他为“好孩子”，并且认为他是一个行为良好的孩子。他的父亲，如果他是一个通情达理的人，自然会考虑既然他的孩子能做出这样的事情，是值得称赞的，那么他自己也应当这么做。因此，在下个周六的晚上，当这个孩子要去便士银行存他的3便士时，这位父亲通常会把自己攒下的钱也交给这个男孩一起存上。

这样就有了一个好的开始，并且一种习惯开始萌芽了，如果能保持下去，很快就会对整个家庭的状况产生有益的影响。留心的母亲很快就会察觉到这种新的行为对家庭幸福的影响，随着时间的推移，年纪小的孩子们逐渐长大并且挣钱，她会鼓励他们以他们的大哥哥为榜样。她会亲自拉着他们，带他们到便士银行，让他们熟悉把钱存到那儿。在这些事情上，女人的影响力往往要大于男人，并且当她们这么做的时候，有益的影响会持续很长的时间。

一天晚上，一位身体强壮、肌肉发达的技工身着工装出现在了布拉德福银行，并且带着他的三个孩子，其中的一个还被他抱在怀里。他把妻子从前多次用过的存折以及要在三个孩子之间平均分配的10先令放在柜台上。他拍拍怀里孩子的胸膛说："可怜的东西，自从上一次他们来这里以后，他们就失去了妈妈，但是我必须尽可能地做我能为他们做的事情。"并且他继续做他妻子曾经做过的事情——这样做能给孩子们一个很好的教育。他每次在存他那很少额的钱时都把孩子们带在身边。

有一句古老的英国谚语是这么说的："要想发家致富，必须首先求教于妻子。"但是妻子不必仅仅使他的丈夫发家致富，而是要帮助他，否则她就不是工人以及其他任何承担家庭责任的人对家庭感到舒适和满足所需要的"良伴"了。在很小的时候，女人造就了我们成长的道德氛围，当我们成人后，对于我们所过的生活，她们有很多的事情做。确实是男人们抓着缰绳，但是通常要由女人告诉他们往哪个方向用力。卢梭所说的是非常接近事实的："男人总是要靠女人打造的。"

不久之前，西克斯先生在二等车厢里遇见了一位穿着体面，利用休假从舍费尔德到格拉斯哥探望母亲的工人。西克斯先生说："很高兴发现有这样的人走这么远的路去看他的母亲。""是的，"那位工人说，"我很高兴地说我可以支付得起这笔路费。""你所在的工厂里许多工人都存钱吗？"西克斯先生问。"不，"工人回答说，"100个人当中超不过2个人，其他的人把闲钱都花在酒馆里了，而不是存到银行。""你什么时候开始储蓄的？""当我比他还矮的时候，"他指着旁边的一个小男孩说，“我的第一笔钱是存在便士银行里，并且从那以后，我一直存钱。”

在早期实践和榜样的影响下，我们高兴地发现现在的公立学校也教导孩子们节俭了。苏塞克斯郡避难所的克拉兰先生，长期致力于教导那些贫穷的孩子们节俭。他主张在所有小学建立与储蓄银行相联系的便士银行。他明智地认为与钱有关的简单课程，有关它的特性、它的价值、它的用途与给予、花费和节省等不同的责任结合起来，会对正在成长的一代产生巨大的影响。

教导孩子们节俭习惯的实践已经在比利时的国立学校运行近8年了。根特的校董事会确认储蓄已经对工人阶层的精神和物质幸福产生了有益的影响，并且相信将节俭的精神转化为他们的生活习惯的最好方法就是教导那些交学费的孩子们节俭的精神并且让他们践行这种精神。

要教给成年人任何新事物是非常困难的事情，特别是教导那些挥霍的人节俭的课程。他们的生活方式是固定的，他们早已经养成了传统的、根深蒂固的消费习惯。男人们把钱花在酒馆里，女人们把钱花在着装上。他们挣多少花多少，丝毫不考虑明天怎么办。当他们陷入困境时，他们不会为乞讨而感到羞耻。因为他们已经感觉不到什么尊严了。

孩子们就完全不同了，他们没有形成要摒弃的根深蒂固的习惯。大多数情况下，教他们做什么他们就会做什么。并且他们能被教会节俭，如同他们能被教会算术一样。他们在聪明的老师的引导下，无论如何都能养成经济、节俭的习惯。每个孩子都会有几便士的钱，校长会劝说他们把钱存起来花到那些值得的事情上去。在根特，每一所学校都设立了储蓄银行，并且学校的孩子可以把钱存在那儿。这种做法也被引进到收费学校以及免费学校，因为节俭的习惯不论是对富有的阶层还是贫穷的阶层都是有用的。有关节省的教导的结果是非常令人满意的。那些在根特学校就读的孩子们存了18000英镑，这些钱被以3%的利率存在了国家储蓄银行里。这套制度普及到了荷兰、法国以及意大利。在英国，这套体系也在一定程度上得到了推广。格拉斯哥、利物浦、伯明翰、大伊尔福德以及伦敦孤儿院都设立了学校银行，并且我们相信不久之后，在英国的每一所学校，都会设立这样的银行。

从以上可以看出，节俭的践行很大程度上取决于为小额储蓄所提供的便利程度。如果设立了一家方便的银行，那么钱会逐渐流入该银行内。如果设立了军人储蓄银行，普通士兵就会想方设法从他们微薄的收入中拿出一部分存到银行里；如果开办了便士银行，那么成群的储户马上就会到来，甚至是免费学校的男孩们也能够在银行里存入相当数额的钱。如同我们从根特学校的孩子们身上看到的一样，同样的情况会出现在学校银行里。

15年前，这个国家为人们提供储蓄的银行是非常少的。许多大城镇和乡村都没有储蓄银行。兰开夏郡有200多万人口，储蓄银行仅有30家。约克郡的西区仅有4家储蓄银行。在大不列颠，有15个县甚至连1家银行都没有。大约6000万的人口，仅有大约600家银行。这些银行每周只开2或3个小时，一些银行每个月才办理4个小时业务。有闲钱要存的工人在能够存上他们的钱之前，必须把钱放在口袋里随身携带一段时间，并且同时他可能被置于花掉这笔钱的不断的诱惑之下。为了确保钱的安全，他必须已经养成了节省的习惯，这也是储蓄银行进行培训和银行得以成立的目标。

格斯里博士，在他1860年出版的有关免费学校的书中写道：“我们制造业和手工业的年轻人所处的环境是什么样的？”周围酒馆、酒铺林立，他们被无数的诱惑所包围，而他们当中的许多人连储蓄银行的名字都不大可能知道。人们的放荡使得酒馆布满了每条街道。在我们镇的许多地方，戒酒必须经过许多酒馆的严酷考验，这些酒馆唾手可得——它们白天开业，夜晚狂欢，安息日及周六照旧如此。而要存钱必须走1英里的路才能到储蓄银行，并且银行每周才办理一次或两次业务。

很多贫穷阶层的友人提出了许多建议，建议能否在全国建立更为广泛的储蓄银行体系。早在1807年，惠特·布雷德先生就曾向国会提交一项议案，能否在伦敦设立一处营业所使人们在这里可以进行小额的储蓄，而汇款由该区的邮递员处理。该议案进一步考虑了成立全国性的保险协会，通过它工人们可以在不超过200英镑的限度内投保，并且确保年费不会超过20英镑。惠特·布雷德先生的提议遭到了否决，他的建议也无果而终。

在罗兰·希尔先生的努力下，邮政系统具有了非常的活力，并且全方面扩大了其作为公共机构的用处。人们又提议汇款局（成立于1838年）应当既可以存钱也可以汇钱。汉考克教授于1852年出版了有关该建议的一本小册子。在1856年11月，约翰·布勒先生，一位杰出的律师——他的注意力直接投向了普特尼便士银行的业务——他向邮政当局提议将汇款局作为储蓄银行系统的扩张，但是他的建议在当时没有得到认可，也是无果而终了。其他的许多绅士也有过类似的建议，如休谟先生、麦克代尔先生、斯琼船长、雷·斯密先生以及其他人。

但是直到胡德斯菲尔德的西克斯先生提出这个问题的时候，这些建议才得以变成现实。建议总是有用的，它们可以引起人们的思考。最有价值的东西是不会被遗落的，最终会变成现实。大多数的发明都是创意建议的结果。有人试图利用这些建议。起初失败了，但是随着知识的积累、经验的积累以及决心更加坚定，这些建议最终获得了成功。

邮政储蓄银行的成功首先应该归功于惠特·布雷德先生及其他人所提出的建议。接下来应当感谢的就是罗兰·希尔先生，他通过成立转移资金的邮局分支机构，使得这些建议变得可行起来；接下来就是西克斯先生，他于1850年提出该问题，推进它，坚持它，并且引起了继任的财政部长的关注，最后是格莱德·斯通先生，他清晰地预见了储蓄银行的巨大利益，将其写入提案并且使该提案于1861年在国会通过。

邮局的汇款部门曾经向西克斯先生建议，如同对其他的观察员提出的建议一样，该机构已经使得邮政储蓄银行在全国范围内可行了。在当地的那些观察家发现每周有5笔汇款业务的地方，会设立一个邮局的分支机构——汇款营业所。据估计这样的营业所在全国范围内与工人所居住的房子的距离平均不超过3英里。这些营业所每日营业。他们收到存款者的钱后会给存款者开出收据，而存款者持该凭证可认取钱。这样的邮局实际上是转移资金的银行，保存资金的期限从24小时到几周以及几个月不等。通过从更多的储户手里吸收更多的资金，并且通过支付惯常的利息增加保存资金的时间，它实际上变成了全国性的储蓄银行。

邮政储蓄银行法案的施行被证明是完全令人满意的。汇款营业所被大范围地扩张了。现在总数大约有4000家，相应地，储蓄的便利性也较之以前几乎提高了1倍。目前伦敦的汇款营业所大约有460家，这样在伦敦人口稠密的任何地方，在几百码的距离之内就会发现1家储蓄银行。在1873年年底储户的人数为150多万人，而储蓄额超过了21000万英镑。同时，传统储蓄银行的存款额仍然保持不变。

邮政储蓄银行具有一些广为人知的巨大优势。银行网点的分布非常广泛，从早上9点开始营业一直到晚上6点，并且在周六一直到晚上9点。只要1年的储蓄额不超过30英镑，人们可以存1便士，也可以存很多便士。对有多笔存款的储户，邮政营业所会发给其存折。该存折上列有邮政储蓄银行的相关规定。邮政储蓄的年利率为2.1%。

另一个最大的优势就是安全性，政府对吸收的存款全额负责，因此把钱存在邮政储蓄银行里就如同把钱存在了英格兰银行里。所存的钱有可能从一个地方转移到另一个地方，不用花费任何费用，并且在储户需要的时候，可以容易地将存款取出来，不管这笔钱起初是存在哪里的。所有的业务都是储户和邮局管理员秘密完成的，而邮局管理员是被禁止泄露储户的姓名的。

我们常常将查尔斯·威廉姆斯·西克斯先生与便士银行和邮政储蓄银行联系在一起。在提及那些有用的机构时，他的名字总是放在一个显著的位置。他是胡德斯菲尔德的一名私人银行家的儿子。当他还在上学的时候，作为奖励，他获得了富兰克林博士的《随笔与书信》这本书。他急切地仔细研读了这本书。这本书在他的脑海里播下了许多有益思想的种子，并且对他在生活中的实际行为产生了非常大的影响。胡德斯菲尔德是一个繁忙的工业城镇，尽管工人们的劳动能得到比较高的回报，但是在他们的工作中仍然会有许多的起起落落。当生意清淡的时候，当他们把所有的收入都花光的时候，许多人习惯于在街上或者在路边寻求施舍。年轻的西克斯经常想知道这些人是否曾经听说过富兰克林博士以及他的通过在生意兴隆或者处境良好时进行储蓄来避免乞讨或者厄运的方法。

1833年初，西克斯先生进入胡德斯菲尔德银行公司工作。它是英格兰成立的第二家股份制银行。苏格兰银行公司运营过程中所体现出来的慎重与它所取得的成功使得银行的董事们选择了一位苏格兰人做经理。为了鼓励工人们的远见及节俭的习惯，董事们采取的第一个方案就是提供数额为10英镑及多于10英镑数额的存单。那位经理有些喜欢西克斯先生，他经常讲一些有关苏格兰农民节俭习惯的非常有趣的事情，并且告诉西克斯先生，在珀斯，有一家银行每年对那些储蓄额从10～200英镑的人所支付的利息不下2万英镑。

1837年，西克斯先生成为该银行公司的出纳。这使得他可以同工人阶层进行直接的接触与交往，在他的心里，他非常想知道工人阶层中节省的人到底占多大的比例。他认为他们当中的许多人都有可以生息的储蓄。一些年过去之后，西克斯先生通常会看到那些刚开始仅有10英镑或者20英镑储蓄的储户，不断地进行累计，直到最后储蓄额会达到100英镑、200英镑，甚至有些时候会达到300英镑。西克斯先生经常设想如果每个人都能受到这些特别的技工节俭和远见的影响，而去他的银行存钱的话，那么工人阶层的生活状况将会得到极大的改善。

在当时，贸易处于非常恶劣的境地，手织机织布工人几乎完全失业，穷困与苦难随处可见，并且这些通常会产生悄然而至的、高贵的英雄主义。对现存的弊病，人们也提出了许多的补救方法。空想社会主义、宪章运动以及自由贸易为人们所推崇。社会上充斥了大量不切实际、不可行的理论，然而，即使在那段灰暗的日子里，仍然有些人在一定程度上为未来作准备，他们可以依靠他们在股份银行或者储蓄银行里存的钱来帮助他们度过困境，重新过上美好的生活。相信自由贸易可以产生有益的结果，西克斯先生同样也相信国家的繁荣以及逆境都会有严重的弊病伴随，除非人民大众养成了富有远见和节俭的习惯，并且接受早期教育为那些联合会的演说家们所动人地预测的“即将到来的好日子”作出准备。

西克斯先生晚上回家时，在路上与工人们有过许多的讨论，这些讨论使他确信有些社会问题是立法所无法解决的，人民大众的挥霍无度就是其中的一个。一名雇用了500个手织机织布工人的雇主告诉西克斯先生，在先前的繁荣时期，业务量大并且工资非常高，即使他跪地请求，也不能使他的这些工人哪怕是节省下1便士为将来苦难的日子作点准备。生意总会有起起落落，但是，经验，不论它的教训是多么严厉，都教不会那些不愿意接受它的人。在这段时期，西克斯先生正在阅读已故的萨摩大主教的《创造的纪录》，看到了下面的这句话："帮助穷人唯一的真正秘诀就是使他们主动地改善自己的状况。"

这句话很简单，但是它却点亮了西克斯先生的心灵。施舍虽然通常是出于最仁慈的动机，但是对他们的接受者来说通常却是毁灭性的。如果自力更生和自我帮助——人类真正尊严的支柱——普遍成为工人阶层的特点，那么，就没有什么能够阻止他们不断前进和发展。西克斯先生观察到在工人阶层手里握有更多的钱之前，他们仍然周期性地处于贫穷和苦难之中。他看到如果他们普遍具有远见的习惯，那么社会的面貌将即刻得到改观。并且，他下定决心要尽自己的全力去支持这项有意义的事业。

1850年，当时的储蓄银行每周只营业几个小时。在胡德斯菲尔德，每年用于支付工资的钱高达40万英镑。储蓄银行，在成立30年之后，其储蓄额仅仅为74000英镑。1850年，西克斯先生给《利兹信使》的编辑们写了一封匿名信，在编辑们的要求下，他后来附上了他的姓名。在这封信中，他建议成立与技工协会及其他类似机构相联系的便士储蓄银行。他运用简单的语言，许多有说服力的事实，说明了工会阶层的那些年轻人在成长的过程中是如何被剥夺了几乎所有的形成节俭习惯以及成为储蓄银行储户的机会的。

这封信得到了普遍的认同。约克郡技工协会联盟委员会热情地批准了信中的提议。随后，在约克郡，几乎每家技工协会成立了与之有关联的便士银行。西克斯先生本人在胡德斯菲尔德也管理一家便士银行。到目前为止，这家银行吸收和偿还的存款达到了3万英镑。事实上，胡德斯菲尔德的工人们，已经变成了最有远见、最节俭的人，这在很大程度上无疑应该归功于西克斯先生的模范带头作用。这些工人在储蓄银行里的存款已经由1850年的74000英镑增加到了1874年的330000英镑。

1854年，西克斯先生出版了一本很好的小册子《好日子——储蓄银行与家庭生活》。这本小册子我们曾经提及过。这本书的成功使他广泛地关注储蓄银行的问题。他惊奇地发现储蓄银行完全不能满足这个国家的需求。他请求面见当时的财政部长康沃尔·刘易斯爵士，请他考虑这个问题。部长要求他用一封信来陈述他的观点，几个月之后，出现了一本呈给康沃尔·路易斯先生的名为《储蓄银行的革新》的小册子。西克斯先生坚持认为政府应当给储蓄银行的存款提供保证，但是他的提议被拒绝了。

西克斯先生之后接着公开讨论邮政储蓄银行的问题。他感到失望的是国会还没有通过任何完善储蓄银行的措施。要实现他所珍视的愿望——储蓄银行应当真正成为人民的银行，似乎还很遥远。但这只是黎明前的黑暗。当他几乎要放弃完善现存的储蓄银行的念头的时候，汇款局有可能成为大众储蓄银行基础的合适的组织这一念头在他的脑海里出现了。

他将他的计划写在一封信里寄给了他的朋友——时任利兹议员的贝恩斯先生。该计划被提交到罗兰·希尔先生手里，他赞成这些建议并且认为这些规划“就邮局来说是实际可行的”。这项计划后来引起了格莱德·斯通先生的注意，他之后将在全国范围内成立邮政储蓄银行的法案带到国会讨论并得以通过。

在社会科学协会，当预测邮政储蓄银行能获得的成功时，西克斯先生说：“如果计划能被实施，那么不久就会做出一番光辉的事业来。无论何时成立银行以及吸收存款，人们的自力更生意识将在一定程度上被唤醒，并且对于许多人来说，他们高尚的人生将从此开始。他们将会逐渐意识到缺乏远见对工人来说是何等无情的敌人，而节省和富有远见是他们多么真诚的朋友。在他们的引导之下，家用物品在购买时可以用最有利的方式支付——支付现金，用现金购买心仪的房子，那么价格就是最低的，并且这样可以使家庭充满了舒适，所有的人都可以享受和珍惜它。从这样的家庭走出来的人都继承了良好的精神品质，热爱勤劳、热爱节俭，并且热爱家庭。通过效仿好的范例，在生活中他们努力把收入的一部分存起来。在严寒的冬天和萧条时期，他们取出一小部分资金使他们舒适地度过困难时期，在时势好转之后，他们会把取出的钱重新补充回去。如果该计划得以实施，在英国，它实际上可以使储蓄银行位于每个工人家庭1小时的步行路程范围之内。我相信它能够帮助英国的上层以及卑微的工人阶层最终养成远见和自制的习惯，这些习惯可以给个人带来持久的回报，并且从物质上增加了国家的安全。这样的预期并不是过于乐观的想法。”

然而，工人阶层还没有完全利用邮政储蓄银行所提供的便利条件。以伯明翰为例，当地熟练工人的收入最高。在邮政储蓄银行进行储蓄的客户排名中，我们发现技工列在那些家庭仆人、已婚的和未婚的女性之后，也列在矿工之后。他们的人数仅占所有储户总人数的十分之一，尽管他们可能在别的机构进行了储蓄。

再来看看英国全国的情况。在1万个邮政储蓄银行的储户当中，我们发现家庭女佣仍然位列首位，接下来是已婚和单身女性，再下来是那些“没有职业”“有职业无工作”的人，排在他们之后的是力工、矿工、销售人员、士兵和船员、职员、女帽制造商和裁缝、专家、公共事务官员。然而，我们必须承认这些机构成立的时间还太短，不能完全得以利用。我们相信必须经历一代人之后，人们才能收获邮政储蓄银行的丰硕果实。

前几年，普瑞斯顿的居民表现出了一种强烈的把他们的收入积攒下来的倾向，特别是在经历了前次的大罢工之后。大概除了胡德斯菲尔德，当地的人民证明了自己的远见和节俭之外，在英国没有哪个城镇能做到这一点。50年之前，普瑞斯通的30个人中仅有1个人在储蓄银行里存钱；20年之前，储户的数量增加为十一分之一；去年又增加为五分之一。在1834年，5942名储户累积的存款额为16500英镑；1874年，14792名储户所存的钱数为472000英镑，而当时普瑞斯顿的总人口数为85428人。还有哪个城镇能表现出比这更令人满意的通过教导、经验所获得的结果呢？

第八章

从小事做起

合理的安乐，所有的平和，
都来自小事的大量积累。
家庭近乎神圣的欢乐，
取决于女儿、妻子及友人的小小关爱。

——汉娜·摩尔

不注重小事的人，会逐渐消亡。

——所罗门谚语

忽视小事情会给人们带来意想不到的后果。人类的生活是由许多的小事组成的，相对来说没有什么事情是重要的。但是，每个人的幸福和成功取决于他处理这些小事的方式。性格是在小事的基础上建立起来的——很好地、体面地处理小事的基础上建立起来的。一个人在事业上的成功取决于他对小事的关注程度。一个家庭的舒适是许多小事被合理安排、及时处理的结果。要成为一个好的政府，那么也只有通过相同的方式——通过井然有序地处理好小事情——才能达到目标。

最有价值的知识和经验的积累是好好珍视一点点积累起来的知识和经验的结果。那些不学无术的人或者在生活当中没有积累下什么东西的人是注定要失败的，因为他们忽视了小事情。他们可能会认为整个世界都在与他们作对，但是，实际上，他们才是自己的敌人。长期以来，有一种流行的“好运”的观念。但是，如同许多其他的观念一样，它慢慢地消失了。越来越多的人相信勤奋才是好运之母；换句话说就是一生之中，一个人的成功是与他付出的努力、他的勤奋、他对小事情的关注程度成正比的。那些粗心大意、浪费、散漫的人是永远不会有好运的，因为那些不付出适当的努力的人，不会得到依靠勤奋才能得到的结果。

并非运气，而是劳动造就了人类。凭运气的人总是等待一些事情出现；而劳动者用其敏锐的眼睛和坚强的意志发现一些事情；凭运气的人躺在船上等待邮差给他带来继承一笔遗产的消息，劳动者早上6点就开始工作，用他那忙碌的笔和响亮的锤子为自身能力的提高奠定基础；凭运气的人相信机会，而劳动者相信个性；凭运气的人陷入堕落，而劳动者大步向前，并且追求独立。

家庭里有许多小事，对小事的关注与人们的健康和快乐是紧密相关的。清洁房屋就包含对许多明显的小事的关注——擦地板、给椅子除尘、清洗茶杯，但是整个事情的通常结果是营造出一个使人身心健康的氛围—— 一个有利于人的个性发展的环境。房间里流通的空气似乎是一件小事，因为我们看不到空气，并且几乎没有人了解它的情况。但是如果我们不能为我们的房间经常输入新鲜空气的话，我们将必定因为自己的疏忽大意而承受痛苦。几个污点似乎无关紧要，关闭的门窗可能看起来也不会有什么不同，但是它可能使人发烧，摧毁人的生命。因此小小的污点和一点点污浊的空气确实是非常严重的问题。家庭规则的全部就其本身来讲是小事，但是小事会产生重要的后果。

一枚胸针只不过是礼服上的一件很小的饰物，但是别胸针的方式却会展示给你穿礼服的人的性格。一个精明的人想为自己找个老婆，带着这个目的他拜访了一个有几个女儿的家庭。那个他有些着迷的漂亮女儿走进来，她的礼服上没有胸针，她的头发凌乱，自此以后他再也没有去过那个女孩的家。你可能会说，这样的人是小题大做，过于在乎小事了，但是他的确是一个精明的人，并且后来成了一个好丈夫。他像判断男人一样判断女人——从小事判断。他是正确的。

一个杂货店老板登广告要招聘一名助手，应聘者多达20人。他把他们同时都邀请到店里来，让他们每个人在一个袋子里装1便士的盐。最后他选中了那个做这件小事最利索、最精准的人做助手。他从他们在这件最小的事情上的表现来判断他们整体的操作能力。

对小事的忽视会破坏许多财富，也能使一个最好的企业陷入困境。满载商人财富的船在返回途中消失了，因为在离开港口时，船的底部有一个小洞。少了一个马蹄钉，副官的马就失去了一只马蹄；少了一只马蹄，就失去了马；马没了，副官自己也丧命了，因为敌人抓住并杀死了他；没有副官献计献策，军队的统帅也没命了。所有的这些后果都是因为在马蹄上没有好好地固定一枚小小的马蹄钉。

“它还行”是那些忽视小事的人的口头禅。“它还行”扼杀了许多人性，毁灭了许多财富，淹没了许多船，烧毁了许多房子，而且还不可挽回地毁掉了许多人类有希望的计划。它总是意味着正确的事情被突然中止,它是一种权宜之计,它是一种失败。并不是那些“还行”的事情，而是那些最有可能去做的事情才是要追求的目标。一个人一旦将“它还行”作为自己的人生信条，那么就相当于他被交给敌人来处置了，他就与无奈和失败为伍了，而我们只能把他当作没有前途的人而放弃了。

法国政治经济学家M.赛曾经讲述了下面这个忽视小事的例子：从前，在法国的一个农场，有一扇关牛和家禽的门，这扇门因为门闩不合适总是松脱。只需要花一两个便士和几分钟的时间就可以修好这个门闩。每次有人出去后，门都会晃动，并且不能马上关好，许多家禽时不时就跑出去了。一天，一只小猪从那扇门里逃了出来。家里所有的人包括园丁、厨师、挤奶女工都跑出来找这只猪。园丁第一个发现了它，但是在他跳过一条沟想要截住猪时，他的腰扭了，使他在床上躺了两个星期。女厨在返回农舍的时候发现她挂在火边想烤干的亚麻布被烧着了。挤奶女工在匆忙之下忘记了把牛拴在牛棚里，一头牛弄断了正好跟它在同一个畜棚里的小马驹的腿。被烧掉的亚麻布和园丁的工时损失足够5英镑，而小马驹的价值是这笔钱的近两倍。在几分钟之内就损失了一大笔财富，而这些都仅仅是因为1便士就能买到的1个小小的门闩。

生活中类似的例子比比皆是。当小事被习惯性地忽略时，毁灭就不远了。是勤劳的双手创造了财富，勤奋的人既关注大事也关注小事。那些看起来非常微小的、不起眼的事情，在他们看来如同重大时刻的事情一样是有必要关注的。

以最基本的货币便士为例。这枚小小的铜币——仅仅1便士——的用途是什么？用它能买到什么东西？它有什么用处？用它能买半杯酒，一盒火柴。它只适合于施舍给乞丐。但是，人类的多少幸福是取决于能否很好地花这1便士啊！

一个人可能工作努力，工资很高，但是他却让他努力劳动的成果——这些便士——从他的指间流走，一些花在了啤酒店，其他的花在了这样那样的类似用途上——他将会发现自己辛苦工作的生活无异于那些干重活的动物的生活。而另一方面如果他能够谨慎地对待这些便士，每周拿出一些用于互利协会或者保险基金，拿出另一些存到银行里，将余下的钱交给妻子慎重打理，用于保持家庭的舒适和文化，不久之后他就会发现他对小事的关注会给他丰厚的回报——增加他的财富、在家里感到舒适，并且在思想上相对来说摆脱了对于未来可能发生的不利情况的恐惧。

所有的储蓄都是由小事组成的。“积少成多”正是如此。许多个1便士就成了1英镑。节省下来1便士就相当于攒下来许多英镑的种子。节省下来的英镑意味着舒适、充裕、富足和独立。但是钱必须是通过诚实劳动赚来的。据说这样赚来的1便士要好过讨来的1先令。有一句苏格兰谚语是这么说的，“别人给的衣服总是不如自己的衣服好”。但如果这些便士是通过不正当途径得来的呢？“铁匠和他的便士都是黑的。”但是铁匠的便士都是通过诚实劳动挣到的。

如果一个人不知道如何节省他的英镑或者便士，那么他就只能永远埋头苦干了。贫困就像是一个“武装的人”，会随时光顾他。谨慎的节省行为是有魔力的：一旦开始了，它就会成为一种习惯。它给人满足、力量、安全的感觉。他放在储蓄盒里或者储蓄银行里的便士在他患病或者年老体衰时给他一份舒适的保险。有所节省的人有抵御贫困的法宝，而那些不节省的人则与痛苦、贫穷紧挨在一起。

一个男人愿意省钱并且为疾病或者其他用途作准备。但是在他的妻子同意他这么做或者帮他这么做之前，他是做不到这些的。一个慎重、节俭的女人是她丈夫光荣的王冠。她帮助他提出一切好的解决方案；她可以通过默默地、温柔地鼓励，提高他的品质；通过她的示范，可以将高尚的原则根植于他的脑海里。这些原则是最高层次的实用美德的种子。

比尔斯顿的欧文神父——劳动人民的好朋友和好顾问——过去常常讲述一个不懂得节省的人如何在他的妻子的带动下变成了一个节俭的人的故事。这个人是曼彻斯特的一名印花布印染工人，在他结婚的那天，他的妻子劝他允许自己每天喝两杯半品脱的浓啤酒。对这个交易，他十分不情愿，因为尽管他自己酗酒，但是他还是愿意要一个不沾酒水的妻子。他们两人都努力工作。有些时候，妻子会耍一些这样或者那样的小花招使得丈夫晚上提前一两个小时回家，并且不时地，还可能让他整个晚上都待在家里。转眼，他们结婚一年了，在他们一周年结婚纪念日的那天早晨，丈夫有些自责地看了看着装整洁得体的妻子，说：“玛丽，自从我们结婚以来，我们还从来没有过假日，我没有一分钱，否则我们就可以回乡下去探望你的母亲了。”

听到丈夫如此体贴的表白——就如同他们从前相恋时的情形一样，妻子非常高兴。“那你愿意去吗，约翰？”她温柔地说，带着既想哭又想笑的神情，“如果你愿意去的话，我来付回老家的钱。”

“你来付！”丈夫用一种半嘲笑的口吻说，“你是不是发横财了？”

“没有。”妻子说，“但是我有那1品脱的浓啤酒啊。”

“你有什么？”丈夫追问道。

“1品脱的浓啤酒！”妻子回答说。

这位忠诚的妻子从烟囱上一块松动的砖头里面拿出一个布袋子，开始数她的那一品脱酒—— 一共365个3便士的硬币——也就是4英镑4先令6便士，并把这些钱放到丈夫的手里，对他说：“你会有你的假日的，约翰。”直到这个时候他才明白妻子的话是什么意思。

羞愧、镇静、内疚与喜悦掺杂在一起，他不敢碰这笔钱。“你每天没有喝你的那份酒吗？那么我也不再喝酒了。”他说。他信守了他的诺言。他们与妈妈一起度过了他们的结婚纪念日。妻子的这笔小小的资金是一系列节俭投资的种子，它最终会变成一个店铺、一家工厂、一间仓库、一栋乡间小别墅、一辆马车，并且它有可能造就一位利物浦市长。

同样，即使那些最卑微的工人——他们行为的成功与规律性向他们的工友们展现了勤劳、节欲、男性的温柔以及能经受住那些低等的、感官的诱惑所能产生的效用，这些能给贫困的阴云笼罩下的家带来光明，使家里爱意融融——这样的人所做的事情与那些最雄辩的作家曾经写的一样好。如果世界上有几个这样的人们的族长，他们的有益影响将很快被整个社会感知到。把钱能花对地方的生活是值得人们一遍又一遍地评说的，因为榜样是比文字更具说服力的语言：它是行动中的指南——正在发挥作用的智慧。

一个人的日常生活是对他的道德和社会状况的最好检验。以两个人为例，他们在同一行工作并且挣相同的工资，但是他们的实际状况却是多么的不同啊！一个人看起来是一个自由人，而另一个人是奴隶；一个人住在温暖而舒适的小屋里，而另一个人住在泥屋里；一个人总是穿体面的外套，而另一个人总是衣衫褴褛；一个人的孩子们是整洁、穿着考究的，并且上学；而另一个人的孩子们却是肮脏、污秽的并且经常在阴沟里；一个人会感觉到人生的舒适，以及人生的欢乐和便利——这也许是一个精选的图书室；而另外一个人几乎感觉不到生活的舒适，没有快乐、享受，也没有什么书籍。但是这两个人挣的工资却是一样的。是什么造成了两人的不同呢？

原因在于：第一个人是明智的、节俭的，而另一个人刚好相反。第一个人能为了妻子、家人和家庭的利益节制自己；而另一个人不会克制自己，生活在恶习的统治之下。第一个人是理智的，以把自己的家变得更有吸引力、更舒适为乐；而另一个人不关心家里和家人的任何事情，却把他的大部分收入挥霍在杜松子酒铺和酒馆里。一个人往上看，另一个人往下看。一个人追求的标准高，而另一个人则低。第一个人喜欢阅读书籍，这样可以启发和提升自己的思维；而另一个人喜欢喝酒，这样可能降低他，使他变得残酷无情。

一天晚上，在下班回家的路上，一个工人对另一个工人说："我说，老兄，你能告诉我你是怎么过日子的吗？你是怎样做到让你的家人衣食无忧并且还能在便士银行里存钱的？而我，为什么跟你挣的钱一样多，孩子也比你少，却几乎不能度日呢？"

"好吧，我告诉你，唯一的原因就是：花好你的每一分钱！"

"什么，这就是全部的原因吗，蓝塞姆？"

"不错，就是这个原因，而且是很好的一个原因。50个人中都没有1个人知道这个秘诀。比如杰克你，就不知道。"

"什么，我？那我要看看你作何解释。"

“既然你问起我的秘诀了，那我就全告诉你吧。但是假如我的话说得很直白，你可不能生气。首先，我不花钱喝酒。”

“不花钱喝酒？那你就是自己不花钱买酒而是从你的邻居那里蹭酒喝喽。”

“不是，我只喝水，而喝水不花钱。有句老话说得好，今宵酒醉，明朝受罪。不喝酒可以让我免于酒醉后的头皮发麻和手脚颤抖，并且还可以省下我的钱。喝水既不会让人生病、借债，也不会让老婆成了寡妇。让我来告诉你，这就是我们花销上的很大差别。这样一周可能省下来半克朗或者一年省下7英镑。这7英镑就足够我本人和孩子们买衣服的钱了，而你却穿着破衣服，你的孩子们也是光着脚走路。”

“啊，你扯得太远了。我喝酒还花不了那么多的钱，我偶尔才喝半品脱酒，一周的酒钱也就半克朗。呸，呸。”

“哦，那你上周六晚上喝酒花了多少钱？”

“让我想想：我跟琼斯喝了1品脱，我想我跟戴维斯也喝了1品脱，他要去澳大利亚了，然后我就走了。”

“那你在那里喝了多少杯酒。”

“我怎么说得上来呢，我忘了，这都是废话，胡扯，蓝塞姆。”

“哦，你说不上来，你不知道你花了多少。我相信这是真的。但是，你的钱就这样溜走了，小伙子。”

“这就是你所说的秘诀吗？”

“是的，把每一分钱都花对地方——这就是全部的秘诀。因为我节省，所以我有钱，而你没有。道理非常简单，是吧。”

“哦，的确是简单，但是也没什么特别的。”

“不，你说错了，是因为它你才问我这个问题的。问我如何将我的家保持得如此舒适、在便士银行里存钱，而你，跟我挣的钱一样多，却几乎不能养家糊口。有钱就意味着独立，钱是把便士集中在一起形成的。另外，为了能独立，我工作如此努力——你也是这样——在银行里，当我把辛苦挣来的一分钱跟另一些辛苦赚来的钱放在一起时，我心里就在想，我决不能在喝酒上浪费这一分钱。这些钱可以在将来疾病和时势艰难时派上用场，那就是里面蕴含的东西，杰克，并且当我想到不论我发生了什么事情，我都不必去乞讨或者去贫民习艺所的时候就会感觉很舒服。省钱使我感到我是一个自由人。那些举债的人或者没有留下一分钱的人无异于奴隶。”

“但是如果我们享受我们的权利，那么穷人的问题就不会像现在这样难处理了。”

“对啊，杰克。如果你明天享受你的权利，在你把钱花掉以后你还能再把钱放回你的口袋里吗？当你选择喝酒挥霍的时候，你的权利能给你的孩子们鞋子和袜子吗？这样的权利会给你的孩子带来什么？你的权利能让你和你的妻子变得节俭或者让你的火炉上的壁石变干净吗？你的权利能洗干净孩子们脸、能补上你衣服上的洞吗？不，不，我的朋友。务必给我们权利，但是权利不是习惯。我们缺少的是习惯——好习惯。有了这些好习惯，我们就能成为自由的人和独立的人。如果我们决心成为这样的人的话，我们就能做到。晚安，杰克，记住我的秘诀——不是别的，就是要花好每一分钱，这样你就会有大钱的。”

“晚安！”杰克在巷尾转弯向他那简陋、脏兮兮的位于梅恩斯院里的小屋走去。在此我介绍一下他的家，但是它几乎算不上是个家，到处都肮脏、凌乱，一个邋遢的女人正在斥责几个乱糟糟、脏兮兮的小孩。蓝塞姆的小屋却正好相反，称得上是一个真正的家。它舒适、整洁，壁炉的火石新换了沙，他的妻子，尽管非常忙碌，却是干净、整洁的。而他，在一天繁重的工作之后，可以跟他的孩子们静静地、舒适地坐在一起。

现在主要的秘密已经透露了。就实用性来讲，蓝塞姆关于一分钱的秘密是一个非常好的例子。但是他确实没有说出全部的真相。他不能冒险告诉他那不幸的工友所有家庭幸福的根源以及所有家庭舒适的支柱是妻子，蓝塞姆的妻子是所有工人都梦想娶到的女人。没有妻子的帮助，就不会有家庭的节俭、节约以及舒适。并且工人的妻子的作用要比其他任何人妻子的作用都要大，因为她集妻子、家庭管理人、护士以及仆人的多重身份于一身。如果她是挥霍的，把钱放到她的手里就如同是流过筛子的水。如果妻子不能为丈夫的成功和财富奠定基础的话，那么就让她成为一个节俭的人，这样她就会把家变成一个舒适的地方，使丈夫的生活充满快乐。

很少有人能够意识到每天攒1分钱可以使人得到有价值的东西。但是，可以很容易地证明一天攒1分钱的价值。如果谨慎地花钱，每天攒1分钱就能确保一个男人的独立，并且为他的妻儿抵御未来贫穷和缺吃少喝的压力。

来看一看一个储蓄互助会的说明书和图表。该互助会的成员是那些每天可以攒1分钱的阶层——也就是这个国家所有的工人阶层。没有必要具体指出是哪个储蓄互助会，因为这些结论来自相同的数据——经过大量的对健康与疾病的调查与经验总结而得到的结果。这些图表与公共的保险统计员做出的统计表几乎是一样的。来看看这些人寿和疾病保险协会的图表，了解一下一天攒1分钱到底能带来什么——

1. 一天攒1便士，一个26岁的人一生中在患病时可以确保每周获得10先令的补助金。

2. 一天攒1便士（直到攒到60岁为止），一个31岁的人在死后其家人将可以获得50英镑的身故保险金，而且无论死亡是在什么时候发生，即使死亡是发生在保险生效的那一周或者那一个月也是如此。

3. 每天攒1便士，如果一辈子都能持续下去，那么一个15岁的人将确保能得到100英镑，并且无论何时身故，都能获得这100英镑。

4. 每天攒1便士，一个20岁的人在65岁之后将确保每年获得20英镑的年金或者每周10先令的补助金，直到去世。

5. 每天攒1便士——每个孩子从出生便可开始，那么当孩子到了14岁时，孩子的父母将确保获得20英镑。

6. 每天攒1便士，这样一直持续到孩子21岁，那么将确保孩子获得45英镑，这笔钱可以使得这个孩子开创事业或者开始持家。

7. 每天攒1便士，从24岁开始，那么这个人在60岁时可以确保得到100英镑——他有权随时取出他所存的钱的80%——如果他在60岁之前身故，其家人可以将之前他存入的钱全部取出。

这就是每天攒1便士的力量！有谁曾想到过呢？然而，这是事实，就如同任何人通过观看最好的保险公司的图表就可以得到证实一样。每天把这1便士存到银行里，它就会慢慢累积。然而即使是把钱存在银行里，也是非常有益的。如果每天把这1便士投入到保险公司里，那么，它立刻就能产生巨大的能量。一个31岁的男人每天在保险公司投入1便士，在他下周或者明年身故时，他的妻子和家庭就可以获得60英镑。正是许多的人为了互助保险的目的而把小额的资金聚集起来才给了这1便士巨大的力量。

一个工人为了妻儿的利益而办理保险是非常无私的举动。它是高尚、严肃的行为。他是在“为自己的家人作准备”。这是他——家里的顶梁柱，为确保他死后家人的独立而迈出的正确一步。对这些钱的正确投资是一个真正男人的实用美德、真诚考虑和正直的最好证明。

已故的约瑟夫·巴桑德尔长期以来是与他合作的劳动人民的好

朋友。他具有较强的经济意识，并且或许他可以被称为“商场上的富兰克林”。他满腹智慧而且也能给人们提供许多实际的帮助。他经常敦促他的仆人为将来困难的时候或者年老体衰的时候作些准备。他也经常资助那些已经不能再为他工作的年老的仆人。

他在他的仓库上贴上了一些标语，以使那些路过的人可以看到。“永不绝望”“不劳动将会一事无成”“将所得全部挥霍的人正走向乞讨”“时光一去不复返”“让勤劳和节约成为你生活中的习惯”，这些标语都用大号字体印刷出来，以使每一个经过的人都可以看到。许多人都能把它们记在心里，并且按照这些标语上的建议行事。

其他时候，巴桑德尔先生在工人中间传播或者希望在仓库里贴上那些生命力更为持久和更具普遍意义的准则。他希望把这些打印的文字贴在职员的办公室里，或者人们常去逗留的地方，或者吃饭、集合准备工作的地方。这些文字总是充满了有价值的建议。我们抄写了其中的一段，是有关准时的重要性的。

“方法是事业的关键。没有时间观念就不会想出办法。准时是重要的，因为它有利于家人的和睦，有益于家人保持好心情。缺乏时间观念不仅是没有承担必要的责任，而且有时候会逃避这样的责任。准时的另一个优点是它有利于保持人们心态的平和。一个做事无条理的人总是匆匆忙忙的。他没有时间跟你说话，因为他还要去别的地方。当他到了那个地方，要处理那里的事情已经为时已晚，或者在他处理完那里的事情之前他又必须赶到别的地方去了。准时对完善人的性格是重要的。这样的人如果已经定了一个约会，我知道他会准时赴会。这样你自身也产生了准时的意识。因为，如同其他的美德一样，他能进行自我传播。仆人和孩子必须准时，如果他们的主人和大人也是如此的话。如果不能准时赴约，约会实际上会变成债务。如果我已经与你定了约会，我就要对你守时，如果我可以浪费我自己的时间的话，我却没有权利浪费你的时间。”

一些人可能会询问：“谁是约瑟夫·巴桑德尔？”它实际上是皮克福德公司，一个在英国本国和整个欧洲大陆都非常有名的公司的名称。巴桑德尔先生是兰开夏一名内科医生的儿子。他接受了良好的教育。他从事棉花贸易并来到伦敦成为他供职的公司驻伦敦的代表。在发生商业危机的那段时期，他想放弃棉花贸易转而从事别的工作。皮克福德先生曾经干过运输业，但是因为缺乏资金而受阻。巴桑德尔先生向他提供了资金帮助，并且有一段时间巴桑德尔先生还是他的隐名合伙人。但是当发现运输生意没什么发展前途的时候(主要是缺乏管理),他最后决定积极地投入到公司的运营和管理中来。

他将自己全部的精力都投入到皮克福德公司。他重新组织了公司的代理机构，将它们遍及全国各地。他使得相当于我们现代的快速列车的快速搬运车以及相当于货车的慢速搬运车都行驶在公路上。他大量地运用运河，在所有大一点的镇子之间都安排了快速货船。实际上，在一些季节里，该国的公路路况非常的糟糕，以至于把货物从一个地方送到另一个地方几乎是不可能的事情。

如此重要的、广泛的业务的维持需要投入大量的资金，花费很大的精力，实施一流的管理。运送货物的马匹从皮克福德时期的50匹发展到现在的1000多匹，因为在运输线上的所有驿站，包括从伦敦到曼彻斯特、从伦敦到埃克塞特、从伦敦到爱丁堡，都需要马匹的接力。他还成立了一家造船厂，里面所有需要从事业务的快船、帆船都是巴桑德尔先生出资建造的。

运输业务需要大量的个人监督。只有那些有决心、有不屈不挠的精神的人才能做到这一点。他乘着一艘快船驶过运河，视察公司的人是否能各司其职，代理商是否工作以及运输是否能及时提供。他晚上与白天一样做着这样的工作。另外的时间里，他坐在他那特别的飞速奔驰在公路上的旅行马车里。他总是向客栈老板出最高的价钱，目的是确保可以得到最好的马，避免延误送货或者浪费时间。他会超过他的货车以观察他的工人是否清醒；查看在沿公路的每一个站点他们的工作是否都能良好运行；查看他们的大口径短枪里是否都装满了子弹（因为拦路抢劫是公路运输的一个风险）；查看代理商是否在履行他们的职责；查看每件事情是否都是有条不紊地进行。

除了赶在他的运货车前面外，有时候他也走小路——因为他知道这个国家的几乎每一条公路——朝前赶，然后再返回来观察他的运货司机们，司机们从来都不知道他到底是在前还是在后。这样，所有的人都提高了警惕。通过各种各样的方式，公司的业务做得非常好，并且英国运输业的发展达到了与英国的公路和运河的发展可以相媲美的完美程度。

当这些问题被解决之后，铁路上的麻烦事来了。"我看到了这些混乱的铁路的危害。"布里奇沃特公爵说。但是铁路时代已经来临，并且这是不可阻挡的。第一条修建的铁路被用于运送从矿坑到海边的煤炭，这些煤炭将从海边被运往伦敦。后来有人建议铺设铁路来把货物从一个镇运送到另一个镇。由于兰开夏的运输量最大，最早的铁路中有一条是建在利物浦与曼彻斯特之间的。后来以这两个城市为中心，又建造了通向全国各地的铁路。

如果巴桑德尔先生抵制这种新的运输方式，那么他早就被挤出公路运输这一行了。但是他明确地预见到铁路系统最终会占据主导地位，所以他接受了它而不是抵制它。他管理利物浦和曼彻斯特的货物运输，并且在两个镇之间揽货和运输，给两地的运输公司减少了许多的麻烦。当建造从沃灵顿到伯明翰以及从伯明翰到伦敦的铁路计划出炉后，他在议会委员会面前展示了意在证明两条铁路的估计的运输量的证据。当铁路建好以后，他就把货物从他的搬运车上卸到了铁路上。这样他就成为最大的铁路运输商，在所有的当时已经建有铁路的城镇之间收集和运送货物。

他也成为铁路的大股东。他在东南线上的地位如此之高以至于他被推举为该公司的总裁。他与已故的威廉姆·丘比特一道，为把铁路延伸到多佛做出了贡献。但是他发现多佛港口委员会在安排运输事宜上很吝啬，而在收取港口费上又很贪婪，他立刻主动地买下了福克斯通港作为东南公司的一个港口。他的下一步行动就是组建了布伦和亚眠铁路公司，该公司的铁路线的建造资金大部分来源于英国，并且建成之后，从伦敦到巴黎的直达铁路线就完成了。

长期为自己的事业和铁路的扩张付出的艰苦劳作使他身体每况愈下。他到国外去修养一段时间。在他不在公司的时候，利物浦一个小派系的部分人要任命一个新的总裁来取代他。尽管他是由于别人的阴谋诡计才丢了总裁的位子，但是他却欣然接受了被解职的结果。现在他的儿子们可以帮助他打理公司的业务了，尽管他一直到去世前对企业发展过程中的每一件事情都很关注。他从来都没有对做好事感到厌倦；他从不停歇地给他各个办公室的助手、职员以及工人提好的建议，而这些建议都是他丰富经验积累的结果。我们就以他的另一段“跑着看的布道”来作为对他的一生的简述吧。这段话被广泛地在他的雇员之间进行传播，并且贴在他仓库的很多地方。这段话的标题是“好的行为准则和建议”。

“不久前，一位老职员说他刚开始工作的时候就受雇于皮克福德公司，虽然工资低，但是凭借节俭和勤劳，他过上了充裕的生活。他的行为准则就是：1先令的收入中自己的花销从来不超过9便士。虽然数目很小，但是如果把这些钱积攒下来，20岁的时候是5先令，40岁的时候就成了10英镑。

“如果一个年轻人按照这样的规则行事，倘若他第一次能获得

20英镑，每年增加10英镑，6年之后他就会有100英镑。如果人在早年的时候没有抓住这样的机会，那么随着时间的推移，人在年纪大的时候攒钱的机会就很少了。

“我们所供职的公司被那些30年来都有工资的人给欺骗了。如果他们按照我们推荐的方法去做，从他们的收入当中攒下来的积蓄足可以使他们的生活相对富裕了，并且我们会看到他们已成为社会上受人尊敬的人了。

“我们的善举要靠勤劳和节俭。它并不要求具备多高的才能，但是需要不懈的努力。我们当中每一个人都可以拥有令人尊敬的地位。‘自助者，天助之。’追求享乐而不追求事业的人很快就会失去事业。

“我们经常抱怨那些被称之为琐事的事情。但是琐事经常出现，我们就会迷失自己。让每个人都履行他的职责，遵守约定的时间，并且永远不要把今天能做的事情推到明天去完成。

“如果业务比平常的时候紧迫，那么要多花时间在上面，这样你自己的账目就不会陷入混乱，你也不会成为耽误别人时间和给别人带来麻烦的人。通常会发生由于个人的疏忽给那些希望生活有条不紊的人增加额外的麻烦的事情。

“遮掩别人的过失和错误已经成为盛行的事情并且导致了许多的损失和伤害——通常是对冒犯人的一方，总是对雇主。

“迟到事件使我想提请你注意这样的一个问题：它从任何意义上来说对你的公共和私人地位都是非常不利的。没有什么比真理对一个人的价值更大了。没有什么比谎言更让人感到可悲了。想起那些人在撒谎时，没有人去戳破他们的谎言，并且所有的假象都是谎言。

“因此，当他看到他的雇主受到伤害，而却没有把真相公布出来，也同样是有罪的——他也是在撒谎。不守时也是一种撒谎。

“在任何场合下说话和行事都要光明磊落。这样错误就会减少，付出的辛劳也会减少。

“我们提供重要服务的时候是很少的，但是小服务总是有用的。因此抓住每一个互相扶持的机会——这样你就是在为你的雇主提供最有效的服务，并且在你们之间保持真诚、友好的精神。

“一个好的基督徒必须是一个好的仆人。不管你的命运如何，首先要记住的一点就是‘对上帝的敬畏就是人明智行为的开始’。”

图书在版编目（CIP）数据

财富人生．1／（英）斯迈尔斯著；马林梅译．
北京：北京理工大学出版社，2010.7（2022.7 重印）
ISBN 978-7-5640-2998-2

Ⅰ．①财…　Ⅱ．①斯…②马…Ⅲ．①人生哲学－通俗读物
Ⅳ．① B821－49

中国版本图书馆 CIP 数据核字（2010）第 010516 号

出版发行／北京理工大学出版社有限责任公司
社　　址／北京市海淀区中关村南大街5号
邮　　编／100081
电　　话／（010）68914775（总编室）
　　　　（010）82562903（教材售后服务热线）
　　　　（010）68948351（其他图书服务热线）
网　　址／http://www.bitpress.com.cn
经　　销／全国各地新华书店
印　　刷／三河市中晟雅豪印务有限公司
开　　本／640毫米×965毫米　1/16
印　　张／10
字　　数／114千　　责任编辑／张娟娟
版　　次／2010年7月第1版　2022年7月第2次印刷　　责任校对／陈玉梅
定　　价／35.80 元　　责任印制／李志强

图书出现印装质量问题，请拨打售后服务热线，本社负责调换